从零起步懂正念

减少焦虑的实修手册

张海敏　弭继文 ◎ 著

北京理工大学出版社
BEIJING INSTITUTE OF TECHNOLOGY PRESS

版权专有　侵权必究

图书在版编目（CIP）数据

从零起步懂正念：减少焦虑的实修手册 / 张海敏，
弭继文著 . -- 北京：北京理工大学出版社，2025. 2.
ISBN 978-7-5763-5092-0

Ⅰ . B842.6-62

中国国家版本馆 CIP 数据核字第 20255MR156 号

责任编辑：李慧智　　　　文案编辑：李慧智
责任校对：王雅静　　　　责任印制：施胜娟

出版发行 / 北京理工大学出版社有限责任公司
社　　址 / 北京市丰台区四合庄路 6 号
邮　　编 / 100070
电　　话 /（010）68944451（大众售后服务热线）
　　　　　（010）68912824（大众售后服务热线）
网　　址 / http://www.bitpress.com.cn

版 印 次 / 2025 年 2 月第 1 版第 1 次印刷
印　　刷 / 三河市中晟雅豪印务有限公司
开　　本 / 880 mm × 1230 mm　1 / 32
印　　张 / 5.75
字　　数 / 96 千字
定　　价 / 49.80 元

图书出现印装质量问题，请拨打售后服务热线，负责调换

自序一

共赴正念之旅，点燃希望之光

自 2020 年 4 月起，觉心正念团队怀揣着朴素而真挚的心愿，陪伴并帮助了数以万计的朋友走出焦虑和失眠的困境。在这条充满挑战与希望的道路上，我们的志愿者团队做出了令人感动且至关重要的贡献。他们曾亲身经历黑暗，深刻体会过正念的疗愈力量，因此更加懂得那份对光明的渴望。正是这份渴望，使他们无私奉献、不求回报，用自己的康复经验为他人开启希望之门。同时，不断有康复后的学员加入进来，共同传递爱与希望。这份简单淳朴的善意，正是觉心正念团队最为宝贵的财富。

觉心正念团队通过正念疗愈课程，成功助力众多焦虑障碍学员恢复正常生活，实现彻底康复。这一成果的取得，与志愿者团队的付出密不可分。我提倡走出焦虑和失眠的困境需要"四轮驱动"的全面支持：系统的正念干预、正念有氧运动、人际关系支持以及必要的辅助手段。其中，人际关系支持的核心就是志愿者团队在信心、方法上为学员们提供专业的指导。志愿者团队的工作任务相当繁重，他们不仅需要在微信群内及时回复学员的问题，还需要在正念课程期间对学员进行一对一的指导。虽然康复之路并非一帆风顺，过程中难免会有反复，但他们凭借自己的康复经历，给予那些正在经历反复的学员以坚定的信心，这无疑是一种无比珍贵且强大的力量。

阿弥大哥，是我深深尊敬的一位觉心正念志愿者，也是团队中公认的诚恳、正直、对正念理解深刻的榜样。他与我分享过他的个人经历，焦虑爆发后的痛苦和很多患有焦虑障碍的朋友一样令人唏嘘，求医过程很不容易，疗愈之路布满荆棘。但正是这段艰辛的历程，让他更坚定了运用正念为在黑暗中徘徊的朋友点亮希望之光的决心。他的故事，是对正念力量最生动的诠释。

在此，我要向阿弥大哥及所有觉心正念团队的志愿者们致以最深的敬意与感谢！是你们的无私奉献与坚定信念，让正念的光芒得以照亮更多人的心。在觉心正念整个团队的共同努力下，截至 2024 年 8 月，已经有超过 20 万的朋友通过抖音、视频号、小红书、快手等平台参加了我们举办的正念疗愈课程（更多信息请加本书附带书签中的微信加以了解）。他们中的许多人因此重拾了对生活的信心与希望。这一成果不仅是对我们工作的肯定，更是对正念力量的最好证明。我们这些年所有的辛苦付出都是值得的！

同时，我也要向那些为正念在国内传播做出杰出贡献的学者及师友们致以崇高的敬意，其中包括让我接触到正念的童慧琦教授（斯坦福大学整合医学中心）、温宗堃博士、陈德中老师，引领正念回归东方的卡巴金博士和马克·威廉姆斯教授等学者，以及马淑华、胡君梅、方玮联等多位华人正念老师。正是你们的智慧与努力，让正念在中华大地上生根发芽、茁壮成长！

本书的诞生，正是基于这样一份愿景与使命。它以阿弥大哥指导其他学员康复过程的总结为主体，行文平实而深刻，旨在为初学者提供一条清晰而实用的正念入门之路。这本书不仅系统地阐述了正念的基本概念与练习方法，还通过丰富的案例和详细的步骤说明，引导大家逐步建立对正念的正确认识与丰富体验。对于每个渴望走出焦虑与失眠困境的朋友来说，这本书无疑是一次难得的心灵洗礼与成长契机。同时，对于我们向大众普及正念的初心而言，本书是正念在中国心身医学界发展的里程碑式作品，值得所有正念学习者及专业人士一读。

我始终深信，正念之路虽漫长且不易，但只要心怀善意与执着的信念，必然能够点燃更多的希望之光！愿借本书出版之际，将一句曾深深触动我的话赠予大家——"人身自有大药在"。衷心祝福每一位翻开本书的朋友，都能从中找到属于自己的治愈力量，找到自己的"大药"，勇敢地走出焦虑与失眠的阴霾，让生命之花在每一个当下绚烂绽放。

张海敏

自序二

归觉心，起正念

在人生的长河中，每个人都是自己故事的作者，而我，弭继文，一个平凡的大学退休教师，用二十年的时光，书写了一个与自我和解的生命故事。

这个故事中的我，从疑病症的阴霾中开始，穿越焦虑的挣扎，最终在觉心正念的引领下，找到了心灵的归宿。如今，我愿以笔为舟，将它与你分享。

病痛的迷雾与焦虑的挣扎

故事的起点，是 2002 年的那个夏天，一场突如其来的惊恐发作，如同乌云蔽日，遮蔽了我原本平静的生活。从此，我踏上了漫长的求医问药之路，从中医到西医，从省会的大医院到偏远的名医诊所，我遍访名医，却始终未能找到病痛的根源。心慌、走路不稳，这些看似微不足道的症状，却像无形的枷锁，将我紧紧束缚。我无数次地询问自己，为何命运要如此待我？

是身体的背叛,还是心灵的迷失?

那些年,我经历了无数次检查与治疗,花费了巨额的医疗费用,换来的却是更多的疑惑与绝望。我开始害怕,害怕孤独,害怕死亡,更害怕自己永远无法摆脱这病痛的魔咒。

2018年,当我鼓起勇气走进省精神卫生中心的大门时,我知道,自己已经走到了人生的十字路口。三位专家的不同诊断,如同三把利剑,同时刺向了我脆弱的心灵。躯体形式障碍、广泛性焦虑症、双相情感障碍……这些陌生的名词,像一张张无形的网,将我紧紧包裹。我开始服用各种药物,试图用化学的力量来平息内心的风暴。然而,药物虽然带来症状的缓解,但也带来了副作用和依赖感。我陷入了前所未有的迷茫与挣扎之中。

那段日子,我像是被困在了一个巨大的迷宫中,四处碰壁,找不到出口。我开始怀疑一切,包括自己。我变得更加敏感、多疑,甚至开始逃避现实,将自己封闭在一个狭小的空间里。

遇见正念,点亮生命的光

就在我几乎要放弃的时候,命运之神终于向我伸出了援手。2022年的春节前夕,我在抖音上偶然间听到了张海敏博士关于正念的讲解,那一刻,我仿佛听到了来自心底的呼唤,一股久违的温暖涌上心头。我迫不及待地报名参加了张海敏博士的体验课。

在体验课中，我第一次接触到了正念的概念和方法。我开始尝试用正念的方式去观察自己的呼吸、感受身体的每一个细微变化。我惊讶地发现，原来自己的心灵是如此的丰富和敏感，只是被长期的焦虑和病痛遮蔽了。我像是打开了一扇新世界的大门，看到了一个全新的自己。

随后，我毫不犹豫地报名参加了特训营。经过八周的系统学习，我对正念有了更深刻的认识和理解，开始坚持每天打卡练习，将正念融入生活的每一个细节中，并逐渐学会了如何与自己的情绪和平共处，如何用正念去应对生活中的各种挑战和困难。

在觉心之旅中，找到心灵的归宿

2023年年初，我有幸加入了张海敏博士创建的觉心正念团队。这个团队不仅让我找到了归属感，更让我看到了自己未来的方向。我开始用自己的经历和经验去帮助那些还处在痛苦中的伙伴，不断地总结自己的体会和感悟，完成了多篇关于正念的文章和音频内容。当看到越来越多的学员因为我的帮助而走出困境时，我感到了前所未有的满足和幸福。

回首过去,我感慨万千。那段与病痛和焦虑斗争的日子虽然艰难,但却让我更加珍惜现在的生活。我感谢那些曾经帮助过我的人,更感谢自己始终没有放弃对美好生活的追求。如今,我已经成为一名正念的践行者和传播者,这让我内心始终充盈着安宁与美好,我将继续在这条路上走下去。

同时,我也愿你通过本书,用心去了解、感受和践行正念,体会当下每一刻的觉醒、清晰与宁静,让正念之光照亮内心的每一个角落。请相信:正念一定会成为你自我成长之路上最坚实的后盾,助你无畏生活中的风雨与挑战,收获心灵深处真正的幸福。

弭继文

目录

第一章 正念其实很简单 / 001

- 对正念的几点认识 / 002
- 正念是适合每个普通人的良方 / 005
- 正念不是思考 / 008
- 正念是关系 / 010
- 正念的最高境界——无为 / 011
- 学会放下 / 012
- 让自己活在当下 / 014
- 关于行动模式与存在模式 / 015
- 正念的六个误区 / 017
- 用正念改变认知 / 022

第二章 有效的正念练习 / 025

- 何谓正念练习 / 026
- 练习正念的基本态度 / 027
- 让自己动静结合 / 033
- 静坐 / 034
- 掌握静坐的要点 / 036
- 用静坐连接身心 / 037
- 呼吸 / 040
- 正念行走 / 041
- 身体扫描 / 043
- 暂停练习（一）/ 046
- 暂停练习（二）/ 047

	正念沟通	/048
	正念冥想	/051
	慈悲练习	/052
	觉察力练习	/053
	练习的两个阶段	/055
	练习中的几种身心表现	/059
	正念基础练习的作用、联系与区别	/060
	当下即是练习	/064

第三章　学会接纳、觉察和非批判 ≡ 067

接纳	/068
在觉察中接纳	/070
接纳你的不好感受	/072
觉察与观察	/074
无拣择觉察	/075
在深度的觉察中活在当下	/077
非评判	/079
在正念练习中，如何做到非评判？	/080

第四章　呵护身体和情绪 ≡ 083

做自己身心的拓荒者	/084
关于症状	/086
对躯体症状的两种认识偏差	/088
放下执念，与症状和解	/090
失眠	/092
正念让自己安睡	/093

	了解情绪	/ 096
	应对负面情绪的态度	/ 097
	反复的焦虑抑郁	/ 098
	焦虑的本质	/ 099
	真正的康复	/ 100

第五章 疗愈你的痛苦与创伤 / 103

痛苦的源头	/ 104
痛苦本是你的一部分	/ 105
痛苦来自对痛苦的想法	/ 105
用觉察打破痛苦	/ 107
识别痛苦的关注点	/ 108
强迫的根源在哪里	/ 110
关于创伤	/ 112

第六章 在练习中反思 / 115

别忘记初心	/ 116
傻傻地练	/ 116
有效的"四轮驱动"方案	/ 118
正念态度的内化	/ 120
让自己定下来	/ 122
走出练习的卡点	/ 123
练习中的走神很正常	/ 124
暂停练习有时也需要暂停	/ 126
让自己在静坐中更舒适	/ 127
正念随笔	/ 130
写给自己的信	/ 133

附录 生活中随时随地的正念小练习

将想法放在云端	/136
愿景板	/137
你的故事	/138
享受大自然	/139
正念嗅觉	/140
正念音乐	/141
开怀大笑	/142
刻意微笑	/143
快乐空间	/144
记下评判	/145
全然接纳	/146
置身事外	/147
正念目标	/148
富有关怀	/149
爱与宽容	/150
疗愈卡片	/151
培养自愈力	/152
经受风暴的考验	/153
情绪电影	/154
正念感恩	/155
3件好事	/156
幸福蜜罐	/157
感谢信	/158
赞美的力量	/159
断舍离	/160

为自己充电	/ 161
好好休息	/ 162
规划未来	/ 163
感动分享	**/ 164**

第一章

正念其实很简单

对正念的几点认识

正念其实很简单，不要搞复杂了。伙伴们在学习与练习的过程中，总是担心自己是不是走偏了，总是在关注这理论、那观点，其实这些只是惯性思维。不管是在学习、练习过程中，还是在生活中，最应该关注和探索的是自己当下的内心感受。了解了基本的知识点、练习方法，就别再往深里研究这个为什么、那个为什么。我们不是来研究正念理论的，别去与别人比较学习、练习的方法，而是要回到正念概念的原点：非评判地关注当下的人、事、物，这才是真正地培养自己的觉察力。

人们常说：焦虑的人都是聪明的人，只有聪明的人才会焦虑。事实也是如此，也有举不完的现实例子。不过我们能不能再聪明一步，能不能聪明得让自己再傻一点，不就没这些毛病了吗？踏踏实实的正念练习，就是让我们提高觉察力，越练觉察力就越高，不仅能觉察那些小小的情绪与症状，更能觉察我们所谓的聪明。

症状需要解决吗？回答是肯定的。但是，在你还没有解决症状的能力时只会越解决越乱，那就先别忙着解决症状，先通过学习与练习掌握解决问题的方法，这才是正路。

通过深入地学习、练习、生活、实践，你应该能觉察到哪些想法、事件是滋养你的，哪些是消耗你甚至是伤害你的。这种觉察是高度的，是从多维度来覆视，并没有太多评判在里面。有时还可能做到提前觉察，而不是胡思乱想。做到及时觉察，就有可能最大限度地避开伤害，就是好好地照顾自己。这种觉察需要达到气定神闲的境界，是一种高度的自信，一种足足的安全感。这些能力都是在学习、练习、实践中自然形成的。

焦虑症的主要问题就是一个"怕"字：怕症状反复，怕睡不着更不舒服，怕症状危及生命，怕停药后的不良反应，等等。仔细想想，怕是哪里来的？怕是你大脑加工出来的，神经总是紧绷着，就像给身体安装了一个高精度的监控器，24小时盯着。身体不舒服确实存在，特别是在疫情期间，感染病毒后一时半会儿恢复不了，正常人都会经历这些。但敏感的人就会把这些不舒服集合起来，归入焦虑的原因里去，再加上各种负面消息被你一一对号入座，躯体和情绪的交互作用，让一切陷入了恶性循环。

我们能做的就是面对现实，面对身体的不舒服，想办法对自己的身体好一点。在生活中,要养护好身体,照顾好自己,超出自己能力范围的就远离或放弃;要把目标定得低一些,感恩自己的身体,挺过了这么多的不容易,感恩苍天让我们还这么健康地活着,还在均匀地呼吸;要抛弃一切幻想,老老实实地把眼下需要做的小事做完就足够了。生,你说了不算;死,你也左右不了。珍惜当下的每时每刻,不贬低自己,不自责,不苛求,相信自己内在的能量总有一天会沿着正确的方向释放出来。越是在痛苦的时候,就越要学会自我关怀,学会自己救自己。真正的灵丹妙药就藏在你的身体里。

接纳不是我想接纳、我要接纳、我一定要接纳,这些都不是接纳。接纳需要一个实践的过程,从做不到接纳开始,允许不接纳,症状来了允许胡思乱想,允许一切自然发生。然后就是面对它,不要试图找办法消除它,真的没有办法,能做的只是带着一颗忐忑的心,小心翼翼地观察它,观察它的发生、发展和消失。这就是通过练习得来的本领。觉察力越高,就越能领悟身心的本来样貌。你就是这个样子,无须用力去改变什么,这才是真正的接纳。

今天有三位伙伴问我新型冠状病毒检测阳性后焦虑复发的问题。

"阳了"之后,恢复阶段有各种不舒服,大家都没有经历过,心里没底，就开始胡思乱想，觉得焦虑又回来了。正常人都有这些经历与想法，没有才不正常。有的人只是敏感习惯了，一旦有些不舒服就浮想联翩，想法——情绪——症状，还是老套路。

困扰你的就是你最在乎的，这是认知问题。同样的事，在别人那里可能不是事，在你这里，就是天大的事。所以说"痛苦是自己强加给自己的"。

正念是适合每个普通人的良方

卡巴金博士在《多舛的生命：正念疗愈帮你抚平压力、疼痛和创伤》再版前言中讲到，麻省总医院、哈佛大学、多伦多大学、威斯康星大学、加州大学等机构的研究发现，正念减压练习让大脑结构的部分区域有所改变，大脑深处一个负责评估和应对所感觉到的威胁的杏仁核在正念减压之后变薄了；完成正念减压课程的人们，其与当下体验相关的大脑网络神经元活动增加，而与自身过往经历相关的大脑网络神经元活动则减弱了；在接受紫外光治疗的同时进行冥想的患者，其银屑病愈合速度是只接受光疗而不做冥想的患者的 4 倍；正念减压练习使免疫系统中的抗体反应强度明显提高，减少了中老年人的孤独感，减轻了因炎症导致的癌症、心脑血管疾病和阿尔茨海默病的核心元素。他们还发现,那些与我们幸福感和生活质量相关的重要功能,如换位思考、注意力调节、学习和记忆、情感调节和威胁评估等,都可以受到正念减压练习的积极影响。正念冥想对于心念散乱非评判地觉察而无须做任何的改变,可能就是通往快乐和幸福的大门。这些发现对情感障碍(焦虑、抑郁)患者和普通人来说都有重要意义。

现代正念来源于东方的佛学文化,是西方科学家在佛学的基础上经过大量的科学研究建立的一门科学,是东方古老文化与西方科学技术相结合的产物。然而,现代正念是去宗教化的,正念减压与正念认知的课程没有一处用的是佛学的语言模式,其目的就是普及大众,让人人都不费力地懂正念、学正念、用正念。正念是一门科学,既有理论也有实践,它的特点是实践重于理论,关于这一点,正念的定义早就说得很明白了。

在正念的学习与练习过程中,如果想要通过正念来解除困扰或维系余生的快乐生活,少走弯路,就需要弄清两个方面的误区。

一个误区是正念太神秘,太复杂,难入门,类似于玄学。我们学习正念、练习正念,不需要像出家人那样,脱离世俗,口念咒语,吃斋念经,也不需要去探究佛学的专业术语和专业理论。现代正念,是在生活中去练习,去体验,去应用。我们所要练习的是对自己身心的觉察,对身边人和物的觉察,练习的是专注力,是调整大脑神经回路,调整惯性思维模式,收回散乱的心。正念减压课程所讲的理论与练习就足够了,不需要再到处找方法,研究理论和佛学。对自己的学习与练习有所怀疑,比如这里做得是不是不够,那里是不是还欠缺什么,这个练习做多了还是做少了,那个练习对别人有用对自己会不会没有用,这些都是非正念的,都是大脑自己加工出来的念头而已。

另一个误区是,正念的学习与练习,知道那几个态度,会做那几个练习就可以了。根据我自己的经历和体验,结合我辅导过的大部分走出来的学员得出来的结论是,正念的练习很简单,但必须是持久的练习、实践和亲自体验。一次次地,从开始带着强烈的期待,到期待逐渐减弱,再到无目的地带着初心去做每一个练习,每一次运动,正念的效果才会逐渐显现,各种不适才会不知不觉地离去,安全感才会逐渐增加,发自内心的宁静与喜悦才会慢慢到来。正念的态度要始终贯穿于练习和生活中。刚开始学习正念时,不需要逼着自己去接纳,去放下,因为这些都还做不到,你会感到差得很远,好像没有希望成功,甚至认为现实是截然相反的。但请放心,变化与成长就发生在这一次次的失望与绝望之中。

当我自己走出来,并用我的经验帮助很多人摆脱痛苦的时候,我才真正认识到正念的神奇,对我们普通人来说,它既珍贵又廉价。珍贵之处在于它用最简单的方法解决了曾用多种方法也不能解决的大问题，而且是可以通过努力获得的伴随终生的法宝。廉价之处在于用几千元钱就能得到它，并且没有失效期。正念是我们普罗大众用得起的好方法，是利国惠民的一门科学。

正念不是思考

正念不是思考，正念是实践，是觉察，是当下。觉察不用思考，觉察不用费力，当下是最实在、最安全的。思考是需要用力的，思考是在编故事，思考是在虚拟的环境里既当导演又当演员，思考会消耗大量的能量。按照固化的思维模式，翻来覆去地思考、设计、担心未发生的或回味已经发生的，就是在无谓地消耗。正念的态度内化，不是让我们单单思考它的意思，而是去付诸行动。正念不是想接纳、想放下、想初心、想无为、想是非评判、想耐心、想信任，而是让我们去做，做到做不到是另一回事，做不到也要知道自己还做不到。当下的你才是真正的你，无论是何种状态，都能觉察得到，都允许这些存在。对与错，完美不完美，好与不好都无所谓，有些不是我们能左右的。围绕着一些概念、理论、说法，反反复复地去解释，去探究，幻想一下子开悟，那是纸上谈兵，天方夜谭，仍然在思维层面转圈，不是真正的正念。

只要你还在想自己何时能走出来，就是还没有做到真正的止损，思考仍占据了你绝大部分精力，就是仍在用思维与症状搏斗，仍在无谓消耗自己的能量。痛苦是真实的，但千方百计地消除痛苦是徒劳的，痛苦不是你能用力消除的，每努力一次都是在加重一次痛苦的程度，失眠的道理也是一样的，当你彻底放弃消除痛苦的念头时，它自己就会慢慢离开。这里的放弃、不努力指的就是无为，无为不是什么都不做，无为指的是对痛苦不排斥、不抗拒，对想象中的果实不期待、不抓取，只是做该做的事。正念练习只是生活的一部分，生活才是真正的正念练习。正念练习不是为了消除痛苦，而是为了让我们学着把心沉淀下来，安稳下来，能清晰地觉察到那个时时在评判、在执着、在抓取的自己，能清晰地觉察到身体的每一个部位哪里是松的，哪里是紧的，分清哪里是舒服的，哪里是不舒服的，并理智地判断出它们各自的占比。你要分清哪些痛苦是每一个人都必须承受的，哪些痛苦是由于你的不允许、不接纳而造成的。

不管你现在的痛苦有多大，时间有多久，多么的无助，首先要做的就是老老实实地面对、允许、接纳这些所谓的痛苦，怀疑就允许自己怀疑，担心就允许自己担心，紧张就允许自己紧张，恐惧就允许自己恐惧，带着这些所谓的不好去正常生活，虽然还有些难，但这个过程是必须经历的，有人称之为英雄的旅程，还有人称之为难以捅破的窗户纸。通过刻意练习，觉察到哪些是你的想法，哪些是现实已经发生和存在的，哪些是对你有滋养的，哪些是对你有消耗的，然后做出明智的选择，这才是正念练习、正念生活的正确方向。

正念是关系

正念就是关系，与大自然的关系，与社会的关系，与自己的关系，与家人的关系，与喜欢之人的关系，与讨厌之人的关系，与不相干之人的关系。正念的主要目的还是生活，正念的态度都是生活的态度。正念的学习与练习都是为后期的正念生活来服务的。正念练习与正念生活相比连百分之一都不及。我们的痛苦不外乎来自对过往的不甘与内疚，或者对未来的向往与抓取，然而这些都是虚无的，都是肥皂泡，核心是对当下的自己不满。当我们真正懂了"无为"，不用力抓取所谓的好、愉悦、快感，也不用力去排斥所谓的不好、烦恼、恐惧、羞耻，我们的心才能安定下来，才能在平静中获得喜乐。这些都是可以通过正念的刻意练习而慢慢做到的。

正念的最高境界——无为

正念的九个态度之一——无为（非用力、不争），是正念练习与正念生活的最高境界。正念的目标非常明确，就是通过学习与练习尽快解决自己的焦虑、抑郁、强迫或失眠等问题。好多伙伴看到别人通过正念的方法走出了困境，于是相信正念也能解决自己的困扰，因而努力学习九个态度，足量完成规定的练习。然而，一段时间后，他们往往会发现与自己的预期差别很大，于是开始怀疑正念是不是对我不管用？康复的学员是不是真的？我是不是哪里练得不对？一般来说，可能是练习的态度出了问题，尤其是对"无为"的理解，可能还停留在字面意义上。无为的态度中有一句话说得非常清楚，"在静观的领域中，达成目标最好的方式，就是别用力追求你所渴望的结果"。也就是说，你的学习与练习可能太用力了，太充满期待了。对这个分寸的把握非常重要，既要有目标，恨不得一下子就走出来，然而又不能太用力，这就是问题的关键所在。这里的太用力指的是你那颗急迫的充满强烈期待的心。用力追求必然紧绷，越用力越紧绷。正念的每一个态度都是柔性的，都不是硬邦邦的。正念的每一个练习，都是不用力的。静坐练习不是对付心慌头晕的工具，身体扫描也不是解决失眠的办法，暂停练习也不能消除所有症状与胡思乱想。非用力不是毫不用力，也不是没有目标，力气还是需要的，目标也还是要有的，只是在追逐目标的同时，仍要妥善地关照身心，不要被目标冲昏头脑。心，对当下仍有清楚的感知，能觉察呼吸，也能注意身体的感觉；能觉察情绪，也能看到想法的变化；能好好照顾自己，也能关照他人。这些觉察与关照，需要的是友善与慈爱，并不需要太用力。因此，非用力追求就是在追求目标的同时，仍能维持身心的健康，不让身心失衡成为追求目标的惨痛代价。用力追求关注的核心是未来，而正念练习关注的核心是当下，未来是由每个当下所组成的。

允许有期待，但期待需要弱化；允许有目标，但目标需要放远。不管是学习还是练习，把力用在行动的每一个当下。在当下每一次练习中觉察身体的真实感受，舒服的或不舒服的；觉察想法的来来去去，好的念头或胡思乱想；觉察情绪的起起伏伏，高兴的或不高兴的。所以，要有觉察地"为"，不内耗地"为"，不糊涂地"为"，让目标在持之以恒的"无为"中自然显现。

学会放下

放下是正念学习与练习过程中一个非常高的境界，也是需要我们或多或少、或深或浅地从理解到获得的一种能力。什么是放下，哪些需要放下，为什么要放下，如何做到放下，这些是我们一生中需要不断探索与践行的。放下的反面就是抓取，抓取是需要用力的，是需要紧绷的，是需要耗费心神的。竭尽全力放不下的东西，要么是对过往之事的内疚、自责、懊悔、怨恨，要么就是对尚未发生之事的遐想、期待、追求。这些都是虚幻的，都是没有建设性意义的，而且都是费神费力的，唯有当下才是真实可靠的，才是不需要消耗自己的。当下不是我们因为放不下而想象出来的，而是按照事物发展规律自然呈现的。所以说活在当下就是放下，需要放下的就是对过往的不甘与对未来的妄念。我们的烦恼与痛苦都是经过思维加工产生的，是自己强加给自己的。一般动物没有或很少有思维，所以能随遇而安，就活得没那么累，而聪明绝顶的人类思维发达，自己给自己制造了那么多的烦恼与痛苦。如果那件事我不那么做多好啊，如果我早知道就好了，如果我不那么愚蠢多好啊，如果我能再舒服一点就好了，如果我能不失眠多好啊，如果我能再健康一些就好了，如果我能再年轻一点多好啊，等等。人类紧抓不放的全是如果，而且抓得还那么用力，结果把自己搞得精疲力竭、神经紧张、肌肉紧绷、心烦意乱、失眠多梦，全身上下千奇百怪的症状交替出现。仔细想想，这些用力值得吗？正念的学习与练习让我们从最简单的几步入手，觉察呼吸，觉察身体，觉察声音，觉察想法与念头，觉察情绪，觉察症状，这就是练习活在当下的本领。当下的身心感受，不管是舒服的还是不舒服的，就是现实存在的真实样貌，不需要聪明的大脑再添枝加叶。对于已经过去的不舒服不需要再耿耿于怀，对于没有出现的症状也不需要惴惴不安，只是活在当下就可以了。舒服了不欣喜若狂，不舒服了也不以为天塌地陷，放下对好的抓取，也放下对不好的抗拒。其实正念的概念简单明了，就是对当下人、事、物进行非评判的觉察，就是还原人、事、物的本来样貌。剔除思维中的不舍、抓取、妄念，就是放下，也就是活在当下。

让自己活在当下

正念的定义就是非评判地对当下的人和事的觉察，也就是让我们活在当下。当下是什么就是什么，不再去评判已经发生的是是非非，也不幻想未来还没发生的大事小情。当我们对过往或未来思绪万千，情绪便会波动，进而产生各种不适，因此需要用正念呼吸练习，将精神拉回到当下，减缓情绪的波动与身体的不适。这就是常用的暂停或三步呼吸空间练习。也就是说，我们有了应对胡思乱想、应对情绪、应对不舒服的小技巧。

熟练掌握这个技巧，对随时可能出现的千变万化的不舒服，有很好的缓解作用。因此，我们练习的目标就定为练习活在当下的本领，只有当下是最实际最安全的。这里我想提醒大家的是，当下有可能是在胡思乱想的，有可能是在回忆过往的，也有可能在设计未来，也有可能在感到不适。这些确确实实也是当下正在发生的。也就是说，胡思乱想、规划未来是正常的，也是允许的，这些正是一个正常人会做的，所谓"正念"并不是有些人理解的百分之百地不计过往，不念未来。正念练习就是让我们带着觉察胡思乱想，允许这些存在，也就不会再为不能百分之百地活在当下而自责，不会再增加新的压力和多余的痛苦。这正是正念的态度之一——"非评判"。当我们觉察到胡思乱想，试图用呼吸拉回，活在当下的时候，能拉回就拉回，确实无法做到的话，就停留在那个胡思乱想的当下，只要带着觉察，知道我还没有拉回，然后用呼吸陪伴自己就可以了。如果因为无法做到而一次次地企图拉回，就成了对当下不舒服的排斥或逃避，那就不是真正地活在当下了。

关于行动模式与存在模式

人的认知模式有两种：一种是行动模式；一种是存在模式。

这里的行动模式不是指去做事情，而是指大脑思维在行动。存在模式指的就是人、事、物的本来样貌，该是什么样子就让它是什么样子，不以人的好恶评判而改变。我们的痛苦来自哪里？就是来自思维的行动模式，人们总是习惯用自己的思维来解决问题：我想快乐，我想身体舒服，我想解决所有的问题，把对身体、情绪变化、外在刺激的感受都聚焦到思维上，大脑神经承受能力是有限的，这些思维习惯，超出了大脑神经的承载能力，让神经变得紧绷，从而引起身体的各种不适。

事物的发展是有规律的，不以人的意志为转移的，只有顺应其自然发展规律，才不会造成我们身体内在的冲突，才不会形成那么多的淤堵，我们的身心才不会有多余的压力和痛苦。我们人也是大自然的一部分，就像花草树木一样，既有阳光雨露的滋润，也有雨雪风霜的敲打。该发芽就发芽，该开花就开花，该结果就结果，该凋零就凋零。然而，我们却天天不允许有不舒服，不允许睡不着，不允许孩子不优秀，不允许父母有衰老，不允许伴侣有瑕疵，妄想所有事情都按照自己的喜好来发生，所有事情都必须有美好的答案，这些都是在思维的行动模式中白白耗费心神。一直在启动思维行动，不允许有痛苦反而会更痛苦。

正念的学习与练习，就是来帮助我们纠正不良的认知思维模式，通过刻意练习，对自己的身体、想法念头、情绪以及随时发生的人、事、物都有清醒的觉察，时刻活在当下，活在实际发生的好的或是不好的现实生活中，该放下就放下，该接纳就接纳，而不是总去启动思维的行动模式，增加大脑神经的负担，这样才能彻底让身心得到释怀与放松，才能真正走出来。

正念的六个误区

我们需要不断地问自己：我是谁，我为什么要做这个，我真正想要的是什么，我真实的做法是什么，我的初衷是什么，当下重要的是什么。这些问题必须不断地自问自答，才能让自己不至于走偏方向。

误解1：把正念视为一种治疗

当代正念训练，本质上是疗愈之旅，而不是一种治疗。正念理论中不采用二元对立的观点来看世界，因此没有绝对的好与不好。生命中的好与不好、正向与负向、喜欢与不喜欢，所有这一切都有实际的意义或价值。一般而言，当生活一帆风顺时人们通常没有疗愈的需求，只有在被风浪打得七零八落时才需要疗愈。疗愈可以采用群体的方式进行，但疗愈之路还是得自己走，就像参加饭局，只看别人吃是不会饱的。疗愈是面对自己的各方面时，不再隐藏、不再压抑、不再讲大道理、不再扩大、不再视而不见，而能温和地接近，轻柔地承接，安然共处。于是，心中的阴暗和冰封慢慢被照耀、被融化。这是勇敢的英雄旅程，不要走给别人看，也不要在乎是否有人看。它没有特定的进程，只需根据当下的情况选择合适的状态。

如果学员把正念当成治疗，很容易产生不切实际的期待，好像这个神奇的课程，可以迅速把痛苦、烦忧、病症祛除。从疗愈的观点来看，也许最佳的疗愈者是受过良好训练的"负伤的疗愈者"，因为他最能感同身受，最能全然接纳与深层理解所面对的困难，而不是高高在上地下达治疗或修行指令。麻省理工学院正念中心第二位执行长萨奇在《自我疗愈正念书》中温柔而清晰地描绘出正念的疗愈之旅是一趟趋近痛苦困难的英雄之旅。因此，虽然领进门的老师很重要，但正念修炼的主角其实是自己。

误解2：把正念视为一种心理治疗

心理治疗通常有个目标，最常见的就是以具备社会适应性为终点。然而，正念修炼除了心理层面的想法与情绪外，对身体的觉察才是关键。正念训练的层次是先从身体觉察开始，最后扩及感受和想法，再扩及其他的一切。身体觉察是正念训练花费时间最多的地方。

实际上，身与心是高度相互依存和相互映照的，身体的不适会影响心理，心理的不适也会影响身体。如果正念练习的方向与方法都对，那么我们对身与心觉察的敏感度都会高度提升，同时也更易看清身体与心光速般的交互作用。当面对不适时，正念的处理方式一般是先从身体着手，觉察身体当下真实的感觉，找到不适的部位时，先好好照顾它。这里的照顾，不是指祛除不适，而是指温柔地与不适同在，感受其中的起伏变化，如此一来，身体会渐渐稳定下来，心也会跟着平静。因此，正念是同时关照身与心的。当我们心里有问题时需要进行心理治疗，而正念是身心的自我修为，有无病症者均可练习，因此正念不是一种治疗。但正念练习对心理有病症者的效果很直接，甚至能帮助心理治疗师自己，所以正念是心理治疗的好朋友。

误解3：把当代正念训练视为认知行为治疗的一部分

正念不是心理学，不是心理治疗，不是哲学，甚至不是一套知识系统。真正进入正念只能通过练习，无法依靠思辨或缜密的逻辑，太多的逻辑思维在正念中反而会拖后腿，无助于清晰地认识和理解。许多关于正念的疑惑，答案都在练习里，而不是在知识中。正念是修炼，不是学问，也不是心理治疗，更不属于认知行为治疗，因为正念练习在 2 500 年前就存在了。

误解 4：把正念当作是一种放松训练

当代正念练习真的很舒服、很友善，因此很多忙碌又疲惫的人愿意学习，但即便如此也不能单纯地认为正念就是放松训练。正念是在学习觉察，觉察是内在的，是清楚地感受当下真实呈现的一切，不论是舒服的或不舒服的、喜欢的或不喜欢的、紧绷的或放松的。

当我们说放松时，就表示在这个当下是不放松的，因此才需要放松。当我们说放松时，就在不知不觉中给自己下了一个指令。如果不幸未能达成放松的目标，反而会变得更加紧绷或沮丧。觉察，只发生在当下，觉察就是知道，没有好的觉察或坏的觉察。唯有了解当下真实的状态，才能做出对自己最适宜的选择，而放松是其中最自然又直接的选择。因此，觉察可以带来放松，但放松只是觉察的副产品，不是目的，觉察还有更多元与更深刻的效益。觉察既是方法，也是目的，可以带来生命全面的提升与转化。在觉察中，没有失败这回事，没有成功的觉察与失败的觉察，有的只是觉察的熟练程度、稳定程度与觉察深度上的不同而已。因此，正念觉察不是放松训练，但如果想要长期有效地放松身心，就需要具备一定的觉察能力。

误解 5：以为觉察等于思考

思考的同义词包括思维、想、思索等。

大多数专家、知识分子或阅读爱好者都喜欢思考，尤其是在自己擅长的领域，但未必会觉察。在学习正念之后我发现了一个崭新的领域——思考脑暂歇而觉察脑开始被唤醒。当思考脑不再喋喋不休时，运作效能反而更好，十分有意思。虽然我无法界定思考脑与觉察脑在大脑结构上运作位置的差异，但我相信肯定是不一样的。对多数人而言，思考能力远大于觉察能力。持续的正念练习，可以慢慢地让思考与觉察两种能力，获得较适合的平衡状态。

误解 6：以为正念就是转念

正念练习几乎无法避免地带来了转念的效果，但这却不表示正念就是在练习让自己转念。正念练习中的转念，来自对身体、心理、环境的觉察，在觉察中因为能看到更清晰的整体脉络，而不再陷入或过度认同自己的观点，转念于是成了自然而然的选择。因此，在正念中产生的转念，其实是"果"而不是"因"，主要来自觉察而非思考。正念觉察的层面包括身与心的觉察，而不仅仅是思维的作用。这其实有点像放松，在正念觉察中我们自然知道如何放松，而放松是觉察的"副产品"，转念也是。

用正念改变认知

认知，就是人们对待事物的态度、看法、想法，这些产生于思维。每个人的成长经历、文化背景、生活环境、脾气性格等都不同，形成的思维习惯也不同。所谓改变认知，实际上就是改变思维习惯。在正念学习课程中，专门有一个版块——九点连线，就是强调惯性思维对个人的影响力有多大。惯性思维一旦形成，改变认知就不是一朝一夕的事，它是贯穿一生的，每一个人都要面对。不管你文化水平有多高，也不管你身居何职，每个人都不可否认地有自己的惯性思维，认识都有不同程度的局限性。在某些问题的看法上，我们都有可能是盲人摸象中的盲人，看到的、听到的不一定是事实，想到的就更不一定是事实。你所看到的当下，也许是经过别人或自己思维加工过滤过的当下，并不完全是事情的本来样貌。

人与人之间的差别，就在于好的思维习惯与坏的思维习惯的不同，我们要改变的，就是不好的思维习惯。改变的途径有多条，单从正念的角度看，本人认为主要有三个方面：第一是学习书本上的或是专业人士的理论指导；第二是在实际生活中一次次打磨，也就是人们常说的"碰南墙"，在失败中学会拐弯，学会迂回，在成功中学会总结，学会成长；第三应该是在正念练习中与自己的身心对话。

认知的真正改变，不仅仅是知道，仅仅知道是不会发生改变的，发生改变需要有实实在在的东西做支撑。为什么有些人说我什么都知道，就是做不到，做不到就是没有真正改变。所以，改变认知不是只停留在思维层面。不好的惯性思维通过持久的正念练习是能够觉察得到的，觉察得到就是改变的开始。让我们耐下心来，踏踏实实地去做而不是去想，让自己的认知发生真正的改变吧。

只要你是正常人，就会有各种不舒服。每个人的身体都有自己的薄弱环节，日常生活中都会时不时出现各种酸麻胀痛，遇到不顺心的事，都会出现烦躁、焦虑、恐惧、失眠。不同的是，正常人把这些看作是正常的，不可避免的，虽然也会讨厌，但没有更深入地分析、思考、评判、排斥，没有执着于弄清楚为什么。它能来，也能走，轻就轻，重就重，有些人甚至对失去部分肢体功能都能欣然接受，痛苦只停留在本来的状态或程度，没再增加新的痛苦。而敏感的人则认为我不该有不舒服，不该有疼痛，不该睡不着，不该有烦躁、焦虑、恐惧情绪。追求的都是些不可能的东西,天天盯着症状不放,同时又排斥着症状,把本来的痛苦放大了无数倍,结果是痛上加痛。认知不同,得到的结果完全不同。正念学习与练习,就是先让你焦躁不安的心安定下来,让你紧绷的神经放松下来,同时改变你的惯性思维、认知和生活态度,让你回归本来的自己,最后彻底走出来。

一 第二章 一

有效的正念练习

何谓正念练习

　　正念练习练的是什么？练的是觉察力、专注力，练的是慈悲心。通俗地说，练的就是"心"。心是什么？是心脏器官吗？当然不是，我的理解是，心是神经系统、意识、情绪等的综合，它是无形的，但它又时时刻刻伴随着我们，左右着我们的思维、念头、想法、言行等。心乱了，躁动了，不安了，一切就都不正常了，痛苦、烦恼、症状就都接踵而来了。然而，在我们苦乐交融的一生中，面对纷繁复杂的大事小情，有谁能做到心不动、不乱、不躁呢？还好，我们遇到了正念。正念练习，就是直接有效地帮助我们，把一颗受伤的玻璃心修复好、保护好，让我们那颗波澜起伏、躁动不安的心在一个可控的频率范围内跳动，使我们遇事不再急急忙忙、迫不及待，面对千奇百怪的躯体症状，不再那么敏感多疑、惊慌失措。心安静了，一切就不是事了；心笃定了，无论面对何事，我们都不会无所适从。正念练习的作用，就是在一次次地为我们的心增加防护层的厚度、韧劲，让我们的心变得有温度、有力量、有安全感，不再那么容易受到伤害。

练习是不用力的，它不是负担，不是任务，不是一朝一夕的行为。每一次练习，不在时间的长短，不在固定的模式，应该顺应自己的身体，怀着一颗虔诚的心，不比较别人，不比较每次的感受与效果，按照自己喜欢的节奏进行即可。练习的目标是使自己身心愉悦，症状消除，但实现目标的过程才是最重要的，不能拿练习当工具，练习与症状没有直接关系。

在一次次的练习中，找到自己内在能量的充电器，打开电源开关，让能量的电流按照自己需要的方向舒缓地流动，让内心充满力量与喜乐。当你真正相信自己，爱自己，照顾好自己时，开关就会自动打开。

练习正念的基本态度

在与学员的交流中我常常听到这样一种说法："我在体验营感觉正念练习对我很有效，也解决了我一部分问题，所以果断报了特训营，可是，特训营进行了一大半，感觉正念对自己反而无效了，这是什么原因？是自己不适合正念练习，还是上当受骗了？"这是一个非常普遍的问题。其实原因很简单，就是正念态度丢失了。卡巴金博士说:"正念包括两个要素:对当下的觉察,和一种不评判/开放/接纳的态度。根据我的修习和教学经验,在开始时人们常常更关注觉察的培养,之后才慢慢体会到态度才是真正的关键。"有这种现象的学员可以自己觉察一下,进体验营与选择进特训营有哪些态度上的不同?

一个人经过长期的痛苦折磨,什么办法都想了,都没办法解决问题,无意中遇到了正念体验营,本着试试看的态度,花一顿早餐的费用,进了体验营,体验营所讲的理论与练习恰恰是他最需要的东西,于是他就像抓住了救命稻草,一下子就豁然开朗了,然后觉得不管是理论的讲解还是练习的应用,都那么适合自己。此时人的心态是放松的,是无为的,也是不涉及信心和耐心的,这恰恰是正念练习所需要的最基本的态度,所以效果很快就显现出来了。但当花了更多的费用来到特训营以后,这个心态就发生了变化:首先,体验营效果都那么好,那么快,特训营应该见效更快、效果更好;其次,我花了这么多钱进特训营,就必须尽快解决我的痛苦,见不到效果我就会不高兴,就会失望。这样的心态,与正念的要求截然相反,所以,期待中的效果就没有出现。

有过正念学习和练习经验的人都会知道,正念本身就不是用来治疗什么症状的,但是它比治疗症状本身更加有效。正念练习的效果是随着学习和练习的一步步深入，在改变认知，调整生活方式后，慢慢自然呈现的。正念的态度其实就是生活的态度，正念练习不是消除不舒服的工具。特训营是按照科学的安排，一点点地改变认知，以达到身心合一的境界，是一套相对完整的流程。有一部分学员说练习这么久了，看到很多伙伴都不同程度地解决了自己的问题，而自己也足量练习了，正念的态度也熟悉了，为什么还是不行？其实问题就出在正念态度的理解和应用上。不舒服了就加大练习量，越练习越不舒服，或者干脆放弃了练习，不是把练习当成了消除不舒服的工具，就是对练习失去了信心。这时的练习效果是相反的，是在无谓地消耗，是增加了新的压力。后期真正的正念练习应该不拘于形式，也不在于练习多长时间，重点应放在正念态度的应用上。可以自问一下，我做到无为了吗？做到放下了吗？做到耐心了吗？做到接纳了吗？做到非评判了吗？做到感恩与慈悲了吗？刚刚接触正念时，这些态度可以作为知识来理解，但练习一段时间后，就需要落实到行动上，即使暂时无法做到，也应该朝着这个方向去努力。这期间会有无数的反复，无数的迷茫，这些正是成长的必经之路，也是一笔应对未来各种困难的财富，这才是练习正念的正确之路，也是真正的康复之路。

第二章　有效的正念练习

下面给大家分享一些关于正念态度更详细的解答。

1. 非评判。非评判是正念态度中最难理解的态度。它很容易被误解为不评判，其实不对。它是指很清楚地看到自己正在评判，是有觉察地评判。生活中有评判是不可避免的，不需要抑制，这是人的重要能力。我们需要做的是，觉察到评判，然后放下它，不让它把思绪越带越远。也就是说，非评判的态度，是对想法和念头的觉察，是一种清晰的观察评判又不被其操控的能力。

2. 接纳。接纳就是承认人、事、物此刻的本来面目，并允许其存在。接纳不等于没有立场赞同一切行为，而是承认与接受当下已经存在的样貌。真正的接纳，是从全面地接纳自己开始。对自己所感、所思、所见全然放开并接纳，不论是正向的、负向的、阳光的、阴暗的、愉悦的、抑郁的，允许一切如其所是地存在。

3. 信任。信任的态度，主要指的是信任自己。信任自己的直觉，哪怕时常会犯些"错误"。不必一直向外寻求什么，而是遵从自己的感觉和直觉。唯一的希望是成为更好的自己。越多地培育自身的这种信任，越容易信任他人。正念练习可以帮助我们沉静下来，与自己同在，信任自己。

4. 耐心。耐心指的是允许人、事、物以其自身的速度发展。

耐心是一种智慧，正念练习需要培育身心的耐心。当内心激越不安时，唤醒耐心的品质是非常有益的。当没有耐心时，心急躁地想前往未来的某个点或某种状态，然而身体却只能活在当下，因此会产生新的压力。耐心不是忍耐或忍受，忍耐或忍受隐含了一种不想要却不得不承受的紧绷，有对抗的成分。带着耐心练习，着眼于当下，心是开放、好奇与平衡的。保持耐心就是简单地对每个时刻全然放开，全然接受它，如同鲜花一般，让它在自己的时间绽放。

5. 非用力（不争、无为）。非用力指的是在追求目标的同时，仍维持身与心的平衡。达成目标的最好方法是从对结果的奋争中退后一步，如实看待和接纳事物的本身。如果感到紧张，就注意那份紧张；如果感到疼痛，就尽可能与疼痛相处；如果你在批评自己，就观察评判性头脑的活动。带着觉知去拥抱它们，不需要做任何事情。用力追求必然会紧绷，像放松、睡眠，越用力越紧绷，越用力越远离。非用力追求的不是毫不用力，也不是没有目标，而是在追求目标的同时，仍可妥善地关照身心，不被满脑子的目标冲昏头脑。

6. 放下。放下的态度指的是允许人、事、物的自然消失和变化。放下很不容易修炼。当处在高度的懊悔、憎恨、愤怒、悲伤、哀怨、担忧时，需要借由放下的能力来缓冲纷杂混乱的思绪。需要平时注意修炼，而不是临阵磨枪。放下的修炼需要平常多观察事物"形成期、维持期、衰退期、消失期"的生命周期。这些变化是必然的而非偶然的。注意训练分辨什么是自己可以改变的，什么是无法改变的。当我们发现可以改变的人、事、物实在少之又少时，放下，便成为一种自然的选择。放不下时心是很苦的，放下则是一种自我友善与慈爱。在正念练习中，觉察各种情绪或念头的升起、停留、消失，不执着或紧抓任何情绪和想法，就是在训练放下的能力。只有放下，心灵才有空间，生命才有新的景致。

7. 初心。初心指的是对人、事、物保持常态化的好奇和开放。我们习惯用大脑旧的信息作为经验，对当下发生的事骤下结论，于是一点点僵化，舒适圈一分一寸地缩小。只有以好奇的初始之心，才看得到其中的可能、变化、丰富、趣味与希望。初心的练习，让我们更能充分地活在当下，挣脱被想法长期挟持的惯性，在练习中真实体验到每一次都是新的经验。在练习、生活、工作上都是如此。每一个时刻都包含着独特的可能性。

8. 感恩。感恩指的是尝试感恩生命赋予我们的一切，包括我们的身体、家庭、朋友、工作等等，以及我们所经历的一切。感恩是一种生活态度，也是一种修行，但并不是所有人在一开始就能拥有感恩的心态。感恩之心，大多在经历了人世间的困苦与磨难之后，方能体会到原本自身已拥有的事物是多么的可贵。我们很容易将心只打开一条小缝，而将其他的可能性拒之门外。正念带着对当下的关注，带着爱与慈悲之心，逐渐打开心门，让更多的光照射进来，让我们的内在变得更富有力量，同时增加确信感、自信感。感恩需要拥有一双会发现的眼睛与一颗会感恩的心，想要做到这两点，正念可以帮助你。

通过对身体、呼吸、周围环境、内心世界有意识的关注，我们会提升觉察之力，也会感受到觉察之美，感恩的心态就会油然而生。当你拥有了感恩之心，你自然愿意与他人分享。

9. 慷慨。慷慨指的是我们可以慷慨地分享所拥有的一切，包括我们的时间、爱、关注、帮助等等。慷慨的意义在于，你有多强大地把自己投入于生命，你给予别人时能带给他们的欢喜就有多强大。你这么做并非是为了自己，让自己感觉：啊！我是个如此慷慨大方的人；而是因为给予能令他人欢喜愉悦。你展示自己的关心，关注对方并提供想法。

让自己动静结合

做家务、外出游玩、快走慢跑、伸展练习、正念行走等这些都是动态的练习。在这些动态练习中，将注意力放在看到的、听到的、嗅到的、身体感觉到的东西上面,通过五感练习觉察力,有的练习还能让气血循环加快,促进负面情绪释放,使人获得愉悦感,自然而然地减少胡思乱想,潜移默化之中就改变了神经回路,这就是活在当下。

　　静态的练习主要是静坐,在静坐中练习定力,提高安全感。初始阶段可能是思绪乱飞,想法、情绪都很多,分神也很多,但只要能觉察到这些,实际就停止了它们的发展,随着练习时间的增加,这些就会回到你的掌控范围之内,让你在内心找到定力与安全感,这其实还是修复神经的过程。你的情绪会越来越稳定,定力会越来越强,心态也会越来越平和。高兴的事不至于让你得意忘形,不高兴的事也不会引起大的情绪崩溃,好与不好都不会引起大的情绪波动。

静坐

　　正念练习中的静坐是最基础的练习,静坐是身心同修的练习,建议那些无法稳定心神、坐立不安、心情烦躁、身体乏力、有氧运动做不了多少的伙伴们,增加静坐练习。持久坚持静坐练习,会使你的心神得到稳定,气力得到补充,效果好的话还能感觉到身体的某些部位发热,气血通畅。正念八周课或幸福八周课中大部分需要坐着的练习，无论什么方式，什么主题，时间长短，都是以静坐为基础的。

初学正念练习的伙伴们，刚开始容易被各种方式坐着的练习搞得无从下手，从而对练习产生抗拒的心理，不理解为何这么多练习。但过一段时间之后，找到了适合自己的练习方法，就会越练越轻松了。建议伙伴们把所有坐着的练习梳理整合一下，尽量脱离音频，变成自己练习，把各种练习融合在一起，穿插进行，最好能把部分身体扫描也穿插进去，可以节省时间。静坐的方式可以选择盘坐，也可坐在凳子上，观呼吸可以是下腹部也可以是鼻孔，甚至可以不观呼吸，总之没有硬标准，适合自己的就是最好的。静坐练习在日常生活、工作等各种环境下都可以根据当时的条件随时开展，这也是最好的休息。

如何做到较长时间地脱离音频静坐少走神？经过一段时间的练习后，能够脱离音频自己练习，效果会事半功倍，因为按老师的指导语练习，实际是按老师的指挥节奏进行练习，且在练习中要拿出精力关注指导语，不易自己觉察念头、情绪和症状。但脱离音频较长时间的练习容易走神，还是需要有一个主线牵着。此时不妨试试默念数数的方法，配合呼吸，从1到10为一个循环，一呼一吸为一个数（因为数字是中性的，不会引起情绪波动），这样就不会思绪乱飞了。

掌握静坐的要点

静坐就是静静地坐着。可以盘腿，可以坐在凳子上，也可以金刚座，根据自己的情况选择即可。静坐不是身体僵硬地挺在那里，也不是瘫坐在那里，这种感觉需要自己在实践中去体验。坐在凳子上时两腿不要紧闭，尽量打开一点，双手放在膝盖上时胸腔就会自然打开。不管采用哪种姿势，都不需要用力，每次静坐时，调整好脊柱的生理曲度，利用大地的吸引力，把整个身心全然地交付出来，安坐于舒适温馨的空间，随着对身体各个部位的感知可以阶段性地做一下微调，找到那种外静内动的感觉。让身体融入整个自然环境的大磁场中，来一次由内到外的链接，同时感受身体的不同反应，舒服的、不适的、烦躁的、愉悦的，都去实实在在地观察、体验。静坐时最可利用的首先是呼吸，此时的呼吸可以是自然的，也可以带点刻意，只要知道是什么状态就好。每完成一次呼吸都去观察体验那种起起伏伏、进进出出的感觉。观呼吸可以观腹部、观胸腔、观鼻孔，也可以观身体，也可以什么都不观。注意观腹部不是腹式呼吸，只是在呼吸的同时留意一下腹部的起伏变化，此时的起伏变化是在呼吸的带动下自然发生的；而腹式呼吸是一种专门的练功方法，是利用腹部的收缩舒张完成的呼吸，两者的先后顺序是不一样的。有些学员说一旦观腹部就会控制呼吸，问题可能就出在这里。呼吸是身心连接的纽带，也是内外能量转换的桥梁，有呼吸在，身体就有能量，身心就运动在当下，生命就在延续。静坐一段时间，经过一段观呼吸后，可以试着想象有一杯浑浊的水，由于杯子的平稳，其中的杂质在自然沉淀，水在慢慢由浑浊变清澈。也可以想象空间中有一些很轻的飘浮物，由于没有风的干扰，在自然地下落，空气也变得清新起来。有念头、想法、情绪出现了，都欢迎它来，就像天空中的云朵，允许它飘来飘去，变多变少。当无法安坐时，就试着用正念行走的方式过渡一下，从动态的练习入手，逐渐过渡到能坐下来或躺下来的练习。

不要企图通过静坐能得到什么，只是静静地坐着，每次都带着初心，带着好奇，以无为的态度去探索身心的各种感受，每次静坐都是一次对身心感受的实验，也是对生活、对生命的实验。只要是实验，就有重复，也有变化；就有烦躁，也有舒服；就有不安，也有平静；就有低落，也有喜悦。这些都是静坐的自然状态，也是生命的自然状态。

用静坐连接身心

在每一次静坐前花一些时间调整坐姿，不要忽视这个过程，这就是对身体的觉察,也是身心连接的开始。前后左右轻轻来回摇动几下,找到身体重心的位置,把整个身体交出来,在大地吸引力的作用下,毫不费力地安坐在那里;留意一下腰部,顺应脊柱的生理曲度,找到那个挺直与放松刚刚好的感觉,让整个上半身处于一种警醒、充满斗志的状态;留意一下肩颈部,比较其在负载各种压力时与现在放松时的那种不一样的感受,有没有一种给身心松绑的感觉?随着一次次深深地吸气,缓缓地吐气,注意力来到腹部,觉察一下腹部自然的起伏,吸进的是能量,呼出的是浊气、怨气,让呼吸对整个身体里里外外来一次按摩;注意力来到面部,感觉一下此时面部是松的还是紧的,眉头是紧皱的还是放开的,嘴角有没有微微上扬,比较一下这些部位的不同表象给你带来的不同感觉。当你刻意地将面部放松,眉头打开,嘴角微微上扬的时候,会有一种发自内心的轻松感、喜悦感,这种感觉来自内在,是自己给自己的。回忆一下我们长期以来因为痛苦带来的各种外在表现,有没有发现,面部与嘴角是紧绷的,眉头是紧皱的,表情是僵硬的、麻木的、严肃的、不自然的,这一切的根源还是紧张,好像随时都在防御着什么,在抓取着什么,这就是相由心生的道理。即使什么也没做,这种状态也会不停地耗能。

其实这些都能在一次次的正念练习中,在一件件生活琐事中带着觉察得到调整，坚持一段时间以后，就能发生从外到内的变化。刚开始可能是刻意为之，慢慢就会变成一种自然状态。早晨起来对着镜子中的自己微笑，告诉自己我很好、我是有力量的、我爱我自己、我喜欢我自己；在与人交往中带着一颗慈悲心，面带微笑，时间久了，次数多了，刻意的就能变成自然随意的。这时你的整个身心是放松的，是有力量的，是发自内心喜悦的，是与周边的人和事同频的，是与大自然融为一体的。

有学员问："在静坐中，我坚持到 20 分钟就有点坐不住的感觉，但我再继续坐下去也能坚持 10 分钟，我是应该坐到 20 分钟就停下来，还是应该坚持坐完 30 分钟？哪一种做法是对的？"

我的建议是哪一种做法都不错，两种做法的意图不一样。首先静坐的要领应该是舒适、安稳、放松，一个高质量的 20 分钟静坐，达到舒适、安稳、放松的状态是一个很好的练习。而继续坚持后 10 分钟的练习也不错，虽然有点烦躁、不舒服、胡思乱想，但这个恰恰是与困难共处的练习，是锻炼对不舒服的承受能力的练习，扩大了自己对不舒服的容纳度，这也是有益的选择，也是顺从了内心的感受，也是活在当下的练习。

借以上两种静坐练习做法的选择，我想引申一下关于强迫思维、强迫行为的话题。觉察一下自己是否会有非黑即白的思维模式，学习九点连线，就是让我们能够跳出固有的思维模式，从不同角度、不同高度看问题，就不会有那么多的纠结与自责。强迫思维、强迫行为都是这种非黑即白的思维模式。反复关门、反复洗手等强迫动作，就是在不停的自责中进行的：我不该胡思乱想，我不该再去关门，我不该再去洗手。需要纠正的不是这些胡思乱想与强迫动作，而是这些"不该"。胡思乱想就胡思乱想了，关门就关了，洗手就洗了，允许这个状态存在，不分析为什么，不自责又做了，知道就可以了。这也是摆脱强迫行为的一个途径。

呼吸

呼吸是贯穿人一生的最基本的功能，有呼吸就有生命，呼吸在生命就在。呼吸是身心连接的纽带。在正念练习中，呼吸练习，也是最简单、最基本、最有效的练习。呼吸应该是自然的，但在正念练习中，越关注呼吸，就会越觉得控制呼吸，其实不必太在意，这是正常的，控制就控制了，觉察得到就行了，通过在实践中不断探索，自然而然就能调整过来。

我这里所讲的呼吸，不单单是指气息的进出，更是指整个身体的呼吸。我们的身体是智慧的，奇妙的。我们不但有能觉察到气息进出的呼吸，也有不易觉察到的身体的呼吸，皮肤、器官都会呼吸。呼吸的状态，直接反映了身心的状态。当我们焦躁不安时，呼吸是短促的，是不均匀的。当我们身心宁静时，呼吸是舒缓的，是流畅的。在静坐练习中，每一次呼吸练习，都是对神经系统、各个器官的一次按摩与安抚。因此，我们应该利用呼吸这项最简单最基本的功能，通过多次深入持久的练习，去体验它的微妙，来安抚我们焦躁的心，来松弛我们紧绷的神经，达到身心的自然平衡，直到内在充满宁静与喜乐。

正念行走

静坐解决了我的大多数问题，但当后来重视正念行走练习时，我才意识到这个动态基础练习的奥妙。大道至简，一个简单的行走有那么神奇吗？不走还真不知道，它让我明白了正念接近生活（注意不是融入）的真实感受，我的好多灵感也来自正念行走。

练习方法

正念行走的练习方法可分为三个阶段。

初始阶段，按照老师教的，听着引导语，尽可能默念着口诀练习。重点觉察脚底及双腿、全身的感受。可分为三个步骤：第一步，先练习左右，即左右两脚交替，默念着左右左右；第二步，练习抬（提）落，即每只脚的一抬一落为一次，两只脚轮换，默念抬落抬落；第三步，练习抬、推、落，每只脚完成一次，推的动作是将抬起的脚尽可能往前平行于地面地推出去，然后两脚轮换。以上都是能慢则慢，不能慢就稍快一点也无妨。我们一般练习到这三步就可以了。

第二个阶段，把引导语去掉，练习方法同前。

第三个阶段，把默念的口诀也去掉，顺着自己的感觉来即可，最主要的是越慢越好。这个阶段可以试着借鉴一下婴儿学步的感觉，虚弱病人恢复练习走路的感觉或懒猫走路的感觉。语言描述有限，主要还是得自己去体会，其要素包含着心态、动作、意识、感觉等。

场地与环境

建议正式练习还是在室内，用不用垫子均可，穿袜子、光脚、穿鞋均可，全看自己的习惯与喜好。大多数的非正式练习也很重要，走路、逛公园、散步等都可以穿插进行，主要是练习脚底、双腿及身体的觉察力，直至内心的感受。

练习的功效

当你练习到一定阶段后,就能自然而然地把这种节奏带到生活中去。起床穿衣、刷牙洗脸、走路、说话、吃饭、与人交流、做事情前的心态都会有明显变化,就不会再那么急匆匆,那么迫不及待了。始终带着觉察、带着节奏而为,能感觉到随时随地都有觉察、都有暂停。特别是当念头、想法、情绪、症状来临的时候,你都能不慌不忙地允许它在那里待上一阵,观察它的来来去去,自然而然就做到了接纳。

身体扫描

身体扫描是在舒服自在的状态下,温和友善地培养觉察能力。温和友善的态度是一路贯穿其中的,确保我们练习正念时,不致太过严格也不会过于松散。身体扫描能让身心放松,尤其对提高睡眠质量帮助极大,这个练习能有效提升睡眠的质量,甚至减轻对助眠剂的依赖。正念不是练习放松,而是在练习觉察,但常会有放松的"副作用"。要明白身心松弛与紧张之间的关键——觉察,只有觉察才能清楚地感受身与心的真实样貌。我们很容易沉浸在川流不息的想法、情绪或接连不断的任务里。有了觉察,才能知道身心哪里紧了、哪里僵了,才能进一步做出当下的最佳选择。没有觉察，紧绷就会停留在身心里很久很久。

1. 练习身体扫描时经常出现的情况。

（1）扫着扫着就睡着了。因为身体扫描有放松的"副作用"，长期紧绷的肌肉与神经，伴随着温柔、友善的引导语，终于得到了难得的放松，这正是疲倦的身体所需要的，于是自然而然地就睡着了，虽然练习的目的不是放松，但是，难得的放松何乐而不为呢？智慧的身体从来不会说谎，那就允许、享受这种放松吧，正念的态度就是非评判地接纳当下。如果不想睡着，那就试着睁眼练习。

（2）扫描时烦躁不安难以进行。原因可能有两个：一个是长期的神经紧张、烦躁时刻伴随，常规的一些动作、行为难以使身心得以平静放松，整个内在时时处在紧张、逃跑、内耗的状态中，越是静态的练习，这种感觉就越强烈，越难以平静；第二个原因是心态问题，总想用身体扫描练习扫出什么特殊、神圣的感觉，扫除不适，扫去烦恼，当没有出现所期待的感觉时，注意力就乱跑，就开始疑惑、烦躁。此时需要尽可能地感受当下已经存在的任何身体感觉。

建议在扫描时去觉察这些烦躁，这本来就是在练习觉察力，不能认为走神、烦躁的扫描练习就是不成功的练习。

2. 练习身体扫描的目的是什么。正念练习的目的，起初都是围绕着觉察力的提升。身体扫描的练习，与其他练习一样，其中的作用、目的与奥妙，只有通过练习才能得到答案，答案不在外面，而在自己的练习里。除非亲身体验，否则再多的阐述意义都不大。这也是正念减压训练最核心的地方——取得第一手经验，而非人云亦云。建议先把这个问题放着，持续练习后自己就会有答案了。随着练习的深化，答案也会有所不同。

3. 练习身体扫描的姿势与注意事项。练习身体扫描，可以根据自己的身体情况来选择姿势，可以平躺，也可以侧躺；可以坐着，与静坐融合在一起，也可以站着。可以睁着眼做，也可以闭着眼做；可以听引导语，也可以不听引导语。可以是30分钟的，也可以是45分钟的；可以长时间连续做，也可以瞬间短时做；可以从脚到头全部做完，也可以只完成一部分；可以顺着身体的部位做，也可以跳跃着做。走神就走神，觉察到了能拉回来就拉回来，暂时拉回失败也没关系。总之，每一次练习都是好练习，不存在成功不成功之说。

睡眠不好的，可以暂时利用身体扫描来助眠，但是当身体扫描后仍然睡不着时，就不要企图通过反复扫描来助眠了，此时只会适得其反，尤其是半夜早醒时。

暂停练习（一）

张博士在总结教学经验的基础上，把原来应对思维情绪、应对躯体症状的练习整合为一个暂停练习，减少了练习的项目，更便于操作。

首先需要弄明白的是要暂停什么。是躯体症状吗？是负面情绪吗？暂停练习是关注呼吸的同时留意一下自己的想法、情绪以及身体感觉，利用呼吸回到当下。暂停的是思维活动，也就是暂停胡思乱想，暂停思绪乱飞，暂停浮想联翩，暂停大脑围绕着躯体症状与负面情绪编故事，暂停那些脱离实际的想法。

当负面情绪与躯体症状来临时，灵活的大脑会以极快的速度产生各种想法，评判紧跟着就会产生。这些想法与评判的产生，又加重了负面情绪与躯体症状的程度，这是一个快速形成的恶性循环。当我们试着把最简单的呼吸带进来，并有意识地去关注鼻孔气息的进出或腹部的起落，让呼吸与负面情绪、躯体症状同在，就逐渐停止了胡思乱想，就能让负面情绪或症状不再随着想法继续加深加重，在一定程度上，间接地减缓了负面情绪与症状的发展，有可能使其直接消失。

这个练习需要反复实践，逐步掌握技巧，直至能够脱离音频自己进行。需要注意的是，不能把这个练习作为直接消除负面情绪与症状的工具，否则只会徒增烦恼、沮丧、恐惧等。此时的做法应该是标记负面情绪或症状，并允许其存在。

暂停练习（二）

暂停练习是张博士在总结应对思维情绪和躯体症状的单项练习基础上，整合而成的缓解负面情绪及躯体症状的一个非常实用的小练习。这个练习的核心是让我们充分利用最简单、最常用的呼吸本能，尽快地暂停胡思乱想，回到真实的当下，间接地减缓甚至暂停负面情绪及躯体症状的无限扩大。大道至简，往往越是简单的东西越不容易理解与得到。个人认为，这个练习在实际应用中会有四个方面的状态。

状态一：常规的应用。当有负面情绪或躯体症状时，按照以下四个步骤进行练习。一是，有意识地停止所有想法或行动；二是，做几个深呼吸，把注意力放在呼吸上；三是，在感受呼吸的同时，观察情绪与不舒服，让呼吸与之同在，此时这个练习若有效果，情绪与不舒服便会得到缓解；四是，回归正常的生活状态。

状态二：接状态一的前两步，不同的是，此时再观察情绪与不舒服时，发现其都已经不存在了，实际上这就已经很好地完成了暂停。但是，问题来了，有些学员因为找不到负面情绪与躯体症状了，就觉得不正常了，甚至开始恐慌，大可不必，因为这恰恰是最理想的暂停。

状态三： 接状态一的前三步，有意识地停下当前的思维与活动，做几个深呼吸，再去观察负面情绪与躯体症状时，不但没减轻，反而更加严重，甚至引起了更多的不舒服，那就不可以再用暂停练习了。此时可用标记或默念的方法，允许负面情绪与躯体症状存在。

状态四： 当平时没有负面情绪或躯体症状时，按照状态一的四个步骤模拟进行，不要再去刻意寻找这些感觉了。

需要特别说明的是，暂停练习只可用来缓解负面情绪或躯体症状。所以，建议伙伴们平时没有不舒服时也可以反复演练，最好做到可以不用音频、不拘形式地随时拿来应用。

正念沟通

正念沟通是一个大课题，是人生一辈子的修炼。八周课只安排了一节课的内容，所能学到的只是一点初步的知识，与能够做到正念沟通还差以千里，不能以为学过了正念沟通，就能做到正念沟通了，它需要知识与能力的全方位结合，需要在实际生活中大量练习，在实践中逐步成长，实践就会有成败，有时可能做得很好，有时可能做得一塌糊涂，都很正常，没有必要自责。

高度的觉察力是正念沟通的前提。我们练习正念，最基本的就是练习觉察力。胡君梅老师说过"正念 = 觉察"。没有觉察力的沟通是糊里糊涂的沟通，是碰运气的沟通，学习正念之前基本上都是这样。因为我们没有对自己想法、情绪的觉察，更没有对他人想法、情绪的觉察，没有对沟通环境的觉察。在没有觉察的情况下，自以为是、固执己见、非黑即白的现象就在不知不觉中发生了。惯性思维模式形成了惯性行为模式，要么无原则地讨好别人，要么胆怯地逃避困难，要么不理智地攻击别人，不但没有做到正念沟通，达到预期的效果，还伤害了别人，更伤害了自己，把事情搞得更糟。

沟通，压根儿就不是件容易的事，它涉及议题、时机、人物、价值观、期待、冲突、方法、目标、耐心、自己的态度、对方的态度等大量要素。很多人因懒得沟通，很容易以退让、发泄或威胁的方式代替沟通。其实，沟通不是一味地忍让，也不是一味地要求，而是在这两个极端之间找到即使未能完全认同但彼此都可接受的区域。最近中美关系的处理就是一个最好的范例。

在条件允许的情况下，沟通的时机选择也很重要。如果自己的状态不好，例如身体疲惫、心里烦躁，沟通效果一定很差，同时还会引起对方的不悦。相反，在身心平衡稳定的状态下，所释放的信息是友善且真诚的，内在没有强烈的负面情绪波动，对方也能感受到善意而无须急切地防卫、对抗、攻击，沟通自然会没那么费力。当我们把正念带入，即使只有一两秒的时间，关照一下自己，觉察当下自己的真实状态，而不是百分之百地只专注于对方或要解决的问题，情况就会很不一样，实在很奇妙。这一两秒时间看似没什么，却能发挥很大的作用。

有觉察的沟通，从了解自己和对方的需求开始。没有觉察就会顺着自己的惯性或习性跑偏了；没有觉察就会越扯越远，失去焦点；没有觉察就会各说各的，不欢而散；没有觉察，就只会在较低层次的问题上打转，制造更多的对立。

有觉察的正念沟通的重要做法是专心、真心、全心地聆听。真心是指表里一致，不是表面专注、微笑、点头，不用担心等一下怎么回应，那只是惯性的焦虑紧张在作祟。当我们专心聆听时，反而更知道如何回应，也能回应得更准确。当对方由衷地感到被听到、被了解时，自然会从内在产生一种被接纳的非语言力量，从而能停止一直在他的想法或情绪里绕圈或循环的状态。不要着急争是非对错，不要着急告诫这个或提醒那个，先提升自己聆听的品质与能力，最后再分享自己的想法和建议。

正念沟通，需要把正念的态度贯穿始终，初心、接纳、放下、无为、非评判、感恩、慷慨等要在练习与实践中不断内化与应用。

正念就是关系，正念沟通是一辈子都可以进行的练习。沟通品质决定了人际互动的品质，也决定了活着的品质。通过正念练习与学习，慢慢地从惯性的沟通模式，转换成有觉察的正念沟通模式，也慢慢地从随便听听的状态，转换成人与人之间真实的、专注的互动。让我们从最基础的觉察力练习开始做起吧。

正念冥想

伙伴们都有种惯性思维，喜欢纠缠一些概念，喜欢概念之间的比较，总是抓住一些说法苦思冥想，总是带着十万个为什么，非要弄个水落石出。有些概念本来很简单，还要再拿另外的概念来解释现在的概念。这些全是在思维里转圈。有这种问题的当然也包括我自己。卡巴金博士在《多舛的生命：正念疗愈帮你抚平压力、疼痛和创伤》一书中，多处对正念冥想有一些提法，只是没有单独作为概念归类来解释。他把吃葡萄干练习叫作饮食冥想；把坐着的练习称为坐姿冥想，如静坐；把躺着的练习叫作躺式冥想，如躺式瑜伽、躺式身体扫描；站式瑜伽（伸展）也可以称为站姿冥想。冥想也不一定非要闭上眼睛。

我认为，在正念练习中，只要是对身体、想法、情绪有觉察的练习，都可以称为正念冥想。

慈悲练习

"慈悲"是正念的第二个翅膀，慈悲练习与觉察练习同等重要。有的伙伴经过一段练习后，有时觉得不但没有进步反而退步了就是慈悲心不够，随着觉察力的提高，对自己，对外在的人和事就会看得越清，如果慈悲心不够，就会对自己产生苛责，对外在充满评判。

1. 自我关怀：从不断加深的练习中体会到，自我关怀练习就是身心连接的练习，长期的焦虑不安，形成了对自己的不满与苛责，身心相互矛盾，自己与自己搏斗，就会让有限的内在能量消耗殆尽。我们可以通过持续的自我关怀练习，让身心慢慢有了连接，让内在能量停止消耗，并转化为正能量。

2. 感恩：感恩练习实际上也是能量转化的练习。对外在的人和物的感恩，表面上是由内向外的输出，实际上是内在的能量投射到外在后又反馈于内在，是在不断给内在增加能量。每次对自己的感恩，就是把内在长久不动的能量激活，连接身心，从而获得正能量。这就是为什么做感恩练习后会有温暖和力量感,并且能缓解焦虑和忧郁。坚持自我关怀及感恩练习,是激活内在能量的有效途径。

3. 慈悲:通过慈悲练习,可以减少对自己、对外在的苛责和评判。在慈悲练习中祝福自己,祝福家人,祝福不喜欢的人,祝福所有的人,使自己的心变得柔软,对所有的人和事都充满包容和宽怀,自然会变得充满幸福感。伙伴们可以通过八周课学过的慈心禅穿插静坐练习,更进一步的话可以继续学习幸福课或自我关怀课,以便得到更进一步的修行与成长。

觉察力练习

正念练习的核心就是觉察力的练习,同时也有专注力的练习,有了觉察就会有暂停。当我们通过持久的练习,对身体、情绪、想法有了觉察后,就能保持一种警醒的状态,就减少了自动导航模式的开启,就能做到不偏不倚地看待当下的人、事、物,就有了活在当下的能力。觉察力的练习是从最简单的正念呼吸开始的,呼吸是每个人具有的最基本的功能,呼吸是心身连接的纽带,呼吸是能量转换的桥梁。通过一呼一吸的练习,我们就开始了最基本的觉察力练习——对身体的觉察。对身体的觉察是贯穿于所有正念练习之中的,不管是动态的还是静态的练习,都是以对身体的觉察为主线。各种不舒服时间久了,我们首先关注的就是身体的感觉,正念练习的起步阶段,对身体的觉察是最主要的练习,这个阶段需要持续一段较长的时间。在每次练习中,充分体验身体的各种感觉,哪里紧绷,哪里麻胀,哪里瘙痒,哪里酸痛,哪里舒缓,哪里松软,不管是好的还是不好的感觉,都去体验它,观察它,因为它们都是身体的真实样貌。这些感觉就是身体的语言,是身体对你发出的提示信号。经过一段时间的学习与练习后,我们逐渐开始了对情绪的觉察,对情绪的觉察也可以理解为对症状的觉察,情绪也是一种症状。通过与大批学员交流,结合自己的经历及练习体会,个人认为后期对想法的觉察才是解决问题的根本。虽然刚开始就知道了什么是自动导航模式,也做了一些对想法的觉察练习,但是真正能够做到对想法的觉察是一件不容易的事,惯性思维模式太顽固了,情绪、躯体症状是实实在在的,比较容易觉察。相较于对身体、对情绪的觉察来说,对想法的觉察更隐蔽,更缥缈。能够做到对想法念头的觉察,就能做到与想法念头的剥离,想法只是想法,想法不是事实,是大脑思维的产物,提醒自己与想法保持一段距离,不排斥,不跟随,不继续编故事,这就从源头上打破了压力三角的无限循环,从而减缓了情绪的无限放大,也减缓了症状的发展。而且,当觉察到有情绪、有不舒服的时候，紧接着对情绪与不舒服的想法的觉察是非常关键的。对想法的觉察切入得越快，走出来得就越彻底。在实际生活中，如果能时时觉察到自己的想法、念头，就不会再一次次地陷进去了，即使还有负面情绪，还有躯体症状，还有现实压力，也能时时提醒自己，不再让思维自动导航，不再围绕着情绪、症状、压力无限循环地去思考为什么，也就不存在复发不复发了。对想法的觉察有三个难点：第一个是觉察不到想法，就是还在自动导航模式；第二个是知道有想法，去进一步观察时，瞬间想法就没有了，这其实已经完成了觉察，不需要再去找想法；第三个是觉察到有想法，但还是无法与之剥离，仍把想法当成事实，跟着想法跑，所以说对想法的觉察才是最难的。

练习的两个阶段

卡巴金博士在《正念：此刻是一枝花》一书中提道："正念包括两个要素：对当下的觉察和一种不评判/开放/接纳的态度。根据我的修习和教学经验，在开始时人们常常更关注觉察的培养，之后慢慢体会到态度才是真正的关键。"后来，人们又在卡巴金博士总结的正念练习七个态度的基础上增加了慷慨与感恩，成为现在的九个态度。还有一种说法是正念的两个翅膀是觉察与慈悲。对正念的理解与解读视角不同，表述的侧重点及方式也会不同，这些说法都从不同侧面阐述了对正念的认识，这本身就是正念的做法。我的理解是这些态度是互相联系，相互交叉存在的。我更喜欢两个翅膀的说法，即觉察与慈悲。通过学习和练习，对卡巴金博士的这段话体会越来越深。因此我就把练习分为两个阶段，即觉察练习与慈悲练习。

正念练习开始的重点就是觉察练习，可以反复实践八周课所学习的静坐、身体扫描、正念行走、正念伸展、正念八段锦等，时间久了，觉察力慢慢就有了，最基本的是你能够知道当下在想什么，自己现在情绪如何，自己在做什么，自己的躯体有哪些感觉。再通过深入的练习，学会观察你的念头、情绪、躯体症状，这是练习觉察的重要阶段，此时就可以逐渐做到与情绪、症状共处。这是一个从面对、允许到接纳的过程。这一关过了，你就做到了接纳。说起来简单，但做到很难，这是一个艰难的过程，其中也包含了对信任、耐心、非评判、初心这些态度的理解与应用。这是刚开始的接纳，能做到这一步，就能使身心暂时稳定下来。有的伙伴到这里可能就认为自己已经走出来了，已经痊愈了。然而根据我的经验和理解，到此为止才解决了不到一半的问题，因为下面还有接二连三、无休无止的反复。最重要的练习还在后面，即第二个阶段的慈悲练习。

第一阶段解决的是表面问题，第二阶段解决的才是根本问题。因此，慈悲练习会更漫长，更需要耐心，更需要合理的心态与方法。我理解的慈悲主要包含臣服、爱与感恩，都是内心深处的东西，需要慢慢培植、滋养、壮大。

关于臣服，原来并没有深刻的认识，通过长时间练习与实践，我才知道臣服的重要性。这么多年来积攒的负面情绪，造成了千奇百怪的躯体症状，原因就是没有做到臣服。做什么事都那么要强，我必须得到，我必须胜利，我的身体必须健康完美，不能有一点点瑕疵，不能有一点点不舒服，所有的事都必须在我的掌控之中。我们多么坚强，多么努力，多么费尽心思，可结果却是身心俱疲，痛苦难忍。我们要臣服于什么？臣服于大自然的发展变化规律。就像刮风下雨一样，本该是自然发生的东西，我们却觉得不应该这样，情绪好与不好，躯体有点不舒服，都是自然现象，本来就完美的身体会自己做好调节，自我修复，我们非要去干涉，去控制，这不是自找苦吃吗？生老病死本来就是自然规律，你非要挑战一下，我不能生病，我不能死亡，可能吗？我们只能臣服。当你真正臣服了，就不会再用反力了，就不会内耗了，就逐渐走向正循环了。

至于爱，它是有温度的，是有能量的，缺失了它，就失去了能量的源泉。当你最亲近的人遇到困难时，你会义无反顾地帮助、劝导、奉献，可大多数时候你却把自己忽视了。一个连自己都不爱的人，怎么有能力爱这个世界？爱周围的人？仔细想一下，你真的做到爱自己了吗？不注意调整作息、不注意饮食规律、不注意调控情绪，不注意力所能及，把身体折腾成现在这样……爱是长期贯穿于生活且必须认真完成的作业，打拼累了、疲倦了，就停下来做一些保养，心灵上的、身体上的都需要。没有一个好的状态怎么能去远行？失败了，受委屈了，痛苦了，就给自己一个拥抱，宽慰一下自己，告诉自己我好不容易啊，我努力了，有一句话叫尽人事听天命，没有什么大不了的，至少我还活着。当你学会真正地爱自己，就能做到身心连接，就不会再苛责自己，就会发现自己并不是那么渺小，就会发现安全感就在自己的内心，就能激发内在的能量，就能发自内心地爱这个世界、爱周围的人和事，就有了安全感和宁静感，就能继续按照自己的方式昂首前行。

关于感恩。感恩的培养和练习，是能量转换的练习。感恩父母给了我们健全的身体，感恩大自然给了我们空气和衣食，感恩家人给了我们照顾与关怀，感恩儿女给了我们幸福和欢乐，感恩单位给了我们施展才华的机会与丰厚的报酬，感恩领导与同事给了我们事业上的帮助与支持，感恩认识与不认识的人们为我们提供了生活的方便与服务。我们还要感恩遇到正念，感恩正念团队的老师与伙伴们的指导与陪伴,感恩焦虑、抑郁、痛苦给了我们深刻的提醒与警示,从而使我们变得更柔软,把我们的心打磨得更富弹性与韧性,不再一碰就碎,让我们能从容面对现实,应对所有的好与不好,对所有的人和事都充满包容和关怀,内心充满喜乐和幸福。

练习中的几种身心表现

在正念练习过程中,会出现身体上的或情绪上的各种表现,比如,流泪、出汗、肌肉跳、肌肉紧绷、麻胀酸痛、针刺感、虫咬感、打哈欠、打嗝、排气、昏沉、睡着、大脑空白、思绪万千、走神、烦躁不安等。这些现象都是身体的自然反应,都是当时的身心状态,都是正常的,不需要分析为什么。每一种表现,都不是因为练习不当产生的,最起码不是坏现象,无须恐慌,无须觉得不应该出现,更不要掩盖排斥。每一个现象都是身体或某方面的真实状态,是身心的自我平衡,有的就是身体的语言给你做出的善意的提醒;有的恰好是情绪的自然流动与宣泄。随着练习的深入,这些反应会更明显,说明你对身心的变化有了更高的觉察,只是自己敏感习惯了,分析思考习惯了,往坏处想习惯了。

静坐练习若是出现胸闷气短、头晕头胀，就是过度关注呼吸了，只要回到自然呼吸即可，平时怎么呼吸就怎么呼吸，不要以为只有观呼吸才是正念呼吸，怎么舒服怎么来，觉察到有点过度关注了也没有关系，只要没出现身体不适，时间长了自己也会慢慢调整过来。通过观呼吸回到当下，应该是一个自然流畅的过程，若因为不会呼吸而产生新的压力就是本末倒置了。

静态练习一个动作保持久了出现各种不舒服时，可以根据自己的感觉，带着觉察微调一下，不要强忍着一动不动。

动态练习每一个动作都不要超越身体的极限，伸展拉伸，转头弯腰都要结合自己的年龄、身体柔韧程度来完成。

有氧运动可以理解为不是那种上气不接下气的运动。长期内耗、身心疲惫的朋友们，更应该杜绝撸铁、剧烈对抗、以健身为目的的运动，即使你很年轻。应选择快走、慢跑、游泳、骑车、登山、打太极拳等运动，根据自己的喜好来即可。

正念基础练习的作用、联系与区别

10 分钟正念呼吸

正念呼吸是所有练习的基础，后期的每个练习都与它有关系，正念呼吸就是活在当下，有呼吸就有安全感。练习的初期主要是对呼吸的觉察，这也是最简单的觉察练习，也有专注力的练习，同时伴有对身体的觉察。正念呼吸的初期练习是以静坐的形式来完成的，随着课程的进度及练习的深度需要，正念呼吸可以通过任何形式来完成，比如坐着、躺着、站着、运动着、工作着、交流着等，时间可长可短。

暂停练习、三步呼吸空间练习

暂停练习是缓解不舒服、负面情绪的一个小练习，其核心是利用正念呼吸回到当下，让注意力转到呼吸上来，同时观察不舒服或负面情绪，间接减缓不舒服或负面情绪的扩大。熟练掌握暂停练习后，以任何形式做都可以，时间可长可短。需要注意的是它只能起到缓解作用，不能消除症状。三步呼吸空间的练习与暂停练习相仿。

20 分钟正念静坐

此练习不可以理解为正念呼吸的加长版，因之比正念呼吸增加了对声音、想法、情绪的觉察，也是为下一步的 30 分钟无拣择觉察练习打基础的练习，是一个承上启下的练习，特殊情况可以躺着做。练习中也会有对身体的觉察。

30 分钟无拣择觉察

此练习初期是以静坐的形式完成的，后期熟练后可以以任何形式来完成。无拣择觉察是开放的觉察，以正念呼吸、正念静坐为基础，以呼吸为背景，是对声音、想法、情绪、身体感觉等全面的觉察，可以觉察一项，也可以觉察多项，也可以互相切换。觉察对象没有先后顺序，没有时间多少，需要注意的是，有什么就觉察什么，没有的不要刻意去找，只是觉察，不跟随、不分析、不评判。此练习初期建议听音频练习，只是练习无拣择觉察的方法，为下一个 45 分钟无拣择觉察练习打好基础。

45 分钟无拣择觉察

此练习是 30 分钟无拣择觉察练习的加长版，其注意事项与 30 分钟无拣择觉察练习的注意事项相同，少导语版是为后期完全脱离音频，在生活中进行无拣择觉察的过渡。生活中需要觉察的对象是无常的，也不会给你引导语。熟练后逐渐脱离音频，可以任何形式、在任何时间进行无拣择觉察练习。后期生活中的觉察都可以视为无拣择觉察。需要注意的是，无拣择觉察只是觉察，没有跟随，没有评判，没有回应。如果觉察到出现了跟随，就可以用前面的暂停练习，将注意力转移到呼吸上去。

与困难共处

此练习虽短,但它是前面学习与练习的综合应用,需要以前面各项练习为基础,正念的态度理解内化到了一定程度才能熟练应用。初期可以跟随音频练习来熟悉,后期可以利用这个练习来应对负面情绪、躯体症状,甚至创伤处理。这个练习的核心是对待想法、情绪、躯体症状在觉察的基础上有了回应。若一时半会还做不到正念回应还可以利用暂停练习。这也是学员化解症状、处理创伤的最高阶段。

身体扫描练习

身体扫描练习是在舒服自在的状态下,温和友善地培养觉察能力,对身体全面觉察的静态练习,也是最舒缓的身心连接的练习。练习可以躺着、坐着,也可以站着,可以睁着眼,也可以闭着眼,也可以带着觉察随时调整姿势。练习时间可长可短,也可以与静坐练习穿插进行。练习中可伴有正念呼吸。身体扫描有助眠的"副作用",如果睡着了也允许睡着。如果练习中有烦躁,就觉察烦躁,有分神就觉察分神。注意练习的心态,不要期望能扫出什么感觉来。此练习脱离音频可能较难进行。

伸展练习、躺式瑜伽、八段锦、正念行走

这些练习是对身体觉察力、专注力的动态练习,也是调整身体松紧的练习,有少量有氧运动。练习中也伴有正念呼吸。学员可根据自己的情况选择练习的时段、练习的项目与动作的强度。在练习中觉察身体的感觉与情绪的变化,听懂身体的语言,随时调整自己的节奏,让身心得到充分的连接。

当下即是练习

很多伙伴接触正念久了,总担心哪里练得不对,是不是跑偏了。有两个问题确实需要注意一下:要么放弃练习,要么拼命练习,练习的这两个极端都不可取。

第一个极端是,练习一段时间后,自己觉得没有什么效果,对正念练习产生了怀疑,认为就这么几个简单的练习能解决什么问题,还不如去看看书,或去运动一下,甚至是躺在那里休息。尤其是症状缠身时,感觉没有力气练习,更缺乏兴趣和动力。这个阶段对正念练习的理解是迷茫的,大脑是空白的,只能通过一个时期的实践,找到那么一点点乐趣。正念练习的效果是慢慢呈现的,不是想出来的。现在就是需要带着怀疑,带着不舒服去行动,去体验,去做一些对自己身体的探索和实验。

另一个极端也是非常有害的,有的人知道正念练习是好方法,并且有很多人因此而受益了,所以就用自己的恒心和毅力带着强烈的期待努力去练习,结果症状越练越严重。走路也想着怎样练习,却不知道走路时已经在练习,只是把注意力集中在脚下的感觉就可以;吃饭也在想我要去静坐,去身体扫描,去正念行走,不能浪费时间,岂不知吃饭恰恰也是在练习,别忘记老师教的吃葡萄干练习,利用五感把注意力集中在当下的每一个感觉上。

以此类推,躺着的时候,看书的时候,说话的时候,坐车的时候,做家务的时候都这样。正念练习并不一定是坐在那里或躺在那里闭上眼睛,摆出一个特定的姿势。当然正式练习的确很重要,但是我们不能保证时时刻刻都这么做。做不到专门拿出时间练习就感觉损失了什么,就不高兴,就自责。这样便是又一次进入对练习或不练习的思维缠绕中,把练习当成了新的压力。

其实正念练习是无为的,就像弹琴一样,弦调得太松就弹不出声音,调得太紧就会崩断,应该结合自己的生活环境和身体状况找到一个适合自己的节奏。既要持之以恒,又要松紧有度,给自己留下适当的空间。既要有目标,有方向,又不能每次练习都带着目的性,想着要在这次练习中得到什么。这样的练习效果是打折扣的，甚至是相反的。

　　正念很简单，修行不容易。最关键的还是边学习、边理解、边应用正念的态度。正念的态度就是练习的方向，也是生活的态度。把练习与生活融为一体，练习就没有那么枯燥乏味了，所要的效果就会不请自来。把生活的每一件具体琐事当作练习和实践。正念就是用接纳的态度保持对当下体验的觉察，当下即是，如其所是。当下是舒服、愉悦的，就请体验舒服和愉悦。当下是烦躁、痛苦的，就请体验烦躁和痛苦，这些本就是最实际的正念练习。

— 第三章 —

学会接纳、觉察和非批判

接纳

　　正念的九个态度要反复地读，反复地听，反复地写，只是完成了，知道了，懂得了，明白了，离内化于心，随时能拿来应用还有很大差距。虽然明白什么是接纳，并且也知道接纳是多么的重要，但真正做到接纳是非常难的，也就是我们常说的什么道理都懂，就是做不到。当症状来临时，一切都不听你的了，所有的理论都用不上了。怎么办呢？在做到接纳之前，还有两个态度问题需要解决，那就是面对与允许。首先要面对，不要逃避，你越逃避，症状就越纠缠你。其次是允许，不排斥它，允许所有的好与不好，这是你所能采取的最好的办法，因为你也只能这样，别无他法。伙伴们都有一个通病，凡事都喜欢问为什么，那就谈几个大家一直关注的为什么，为什么坏情绪总缠绕着我？为什么我的症状反复出现？为什么我总是失眠？回答：因为你不接纳坏情绪，不接纳症状，不接纳失眠。可能你会说我已经接纳了。你真的接纳了吗？你只是想要接纳，但还没接纳，不光没接纳，你还在抗拒和排斥。接纳是一种能力，不只是想法，能力不是想来的，是通过各种练习习得的。就像驾驶技能一样，不是你想开车就能开的，需要亲自一个科目一个科目地学习，既有理论又有实操。现在你最多完成了科目一，科目二、科目三需要上车反复练习。只有掌握了接纳的技能，才能自如应对各种状况，包括情绪、症状、失眠，才能做到真正地接纳。当你真正地做到了接纳，接纳了情绪的无常，坏情绪就会自然消散，接纳了症状的反复，症状就自然消失，接纳了无法入睡，失眠也就不存在了。伙伴们，当下我们需要做的是练习这种接纳的技能，不是天天想着我要接纳，因为你现在还做不到，别再逼着自己接纳了。大多数伙伴经过一阶段正念练习后肯定会有不同程度的收获，九个态度会在不知不觉中影响人的认知。可有的伙伴还是会嫌进步不大，究其原因就是仍抱着要解决什么问题、要改变自己的现状去练习的态度。如果有这种态度，需要再调整一下，通过足量练习，全然接纳现在的情绪、症状、失眠，不再去想改变自己了，就会有意想不到的收获。

伙伴们要通过适合自己的持久的练习，深入了解自己身体的变化、情绪的波动、心灵的需求，提高对外来事件影响的觉察，让情绪在一个可控的范围内自由波动，可喜，可悲，可怒，可忧,做一个拥有七情六欲的正常人。允许自己焦虑,允许自己不高兴,允许自己失眠,因为我们都是普通人。理论的东西知道大概就足够了,书本上的只是知识,每个人精力都有限,获取多少算多少,别人的劝导是别人的实践所得,可以借鉴但不要照搬。真正解决问题还是要靠自己身体力行,用果树老师的话说叫"技能上身"。

在觉察中接纳

趋利避害的本能让我们安全生存下去,然而,成也萧何败也萧何,往往人们把这个功能用过了、用反了,聪明的大脑一经加工,弄得人人可畏,事事可怕,时刻处在防御状态、逃跑状态,把神经搞得紧绷,反而没有一点安全感了。选择性记忆过去不好的事,无限放大当下的不舒服,幻想还未发生的可怕的事,这些都是大脑的特殊功能,我们利用得淋漓尽致,真是一点儿也没浪费。

其实这些都属于"失念",把真实的当下忽略了、弄丢了。正念就是让我们在一次次的练习中,提高觉察力和专注力,能够感知真实的自己、真实的别人、真实的声音、真实的症状、真实的情绪、真实的想法、真实的环境。

每一次刻意的正式练习或生活中的非正式练习，都是在一次次地训练那个喜欢编故事的大脑，把长久形成的不良的神经回路调整过来，然后所有的问题都会迎刃而解。这是一个需要实践的过程，一个必须有行动付出的过程，而不是继续用错误的方式去思考的过程，正念是实践不是思考。正念不需要多聪明，不需要有大脑所谓的开悟，真正的开悟是身体告诉你的，不是大脑想出来的。正念需要通过自己的身心感受去体验当下，看清当下。最直接入手的就是从觉察呼吸开始，觉察身体，直至能觉察情绪、觉察想法，也能觉察环境、觉察别人。

当下的状态是紧张的，就允许紧张，就觉察紧张；不舒服就允许不舒服，体验不舒服；当下对不舒服还是排斥的、抗拒的、不接纳的，就允许排斥、允许抗拒、允许不接纳。明明知道是一只纸老虎，面对它还是恐惧的，还是想逃跑，那就需要在一次次排斥、一次次抗拒、一次次逃跑中去锻炼自己的胆量，从刚开始的快速逃跑，到逃跑的速度越来越慢，再到能够停下来，观察它，再试着慢慢靠近它，最后试着用你的双手撕破它。这是一个循序渐进、水到渠成的过程。刚刚接触正念，还没弄明白正念是什么，正念需要做什么、不需要做什么，就急不可耐地问我什么时间能好，然后到处找方法、找捷径，想一下子成长壮大，试图用自己的勇气和毅力得到结果，结果只能是一次次地受伤，一次次心灰意冷地败下阵来。

当你感到痛苦无助、不知所措的时候，就去觉察呼吸，就去体验身体的感受，就去运动。如果体验到排斥就排斥了，逃避就逃避了，抗拒就抗拒了，强迫就强迫了，不要逼自己完成当下还做不到的事情，知道就好，有觉察就好。相信身体的智慧能胜过大脑的聪明，在练习觉察中，听懂身体的语言，身体最不会撒谎。

接纳你的不好感受

当我们觉得不应该是这样子，就是在评判了，就增强了多余的痛苦。当受到惊吓了，就接受这个已经发生的事实，正常人也会这样。虽然有点不舒服，相信很快就过去了，若再围绕着这个惊吓想了很多，比如说"我不该害怕""我不该受惊吓""我受惊吓会怎么样怎么样"，那就没完没了了。这就不是正念的态度了。当下是什么就是什么，害怕了就允许害怕，承认害怕，也知道害怕只是一种暂时的状态，是会变化的，不再去联想。平时我们紧张的时候，不舒服的时候，觉察到了，就允许紧张、允许不舒服。不能说"我不能紧张""我不能不舒服"，这只是想法，不是事实，事实就是紧张，就是不舒服。当你允许紧张、允许不舒服的时候，就不会再为紧张、不舒服增加新的烦恼，紧张反而慢慢地松弛下来了，不舒服的程度也不会再扩大。紧张时默念"我紧张、我紧张、我看到了我的紧张，允许我紧张，正常人才会紧张"，如果连紧张都不知道了那就真的出问题了。不舒服也是一个道理，所以，练习音频里老师的引导语让我们不要逃避不舒服、不要排斥不舒服。越逃避越排斥就越是在给它助力，就会越不舒服。正念的态度——接纳，就是这个意思。不过能够做到这些就需要刻意练习。接纳不只是态度，它是一种能力。当我们还不具备接纳这个能力时，允许自己还做不到接纳。我们目前需要做的就是通过刻意练习，结合对正念态度的学习与理解，来逐渐培养这些能力。包括初心、放下、非评判，这些都需要刻意练习。不是靠大脑思考能得到的。正念的核心就是用身体的智慧来改变不正确的思维方式，而不是靠思维改变思维。只是懂了、明白了只是第一步，这几个简单的练习虽然很枯燥，但是答案都在里面。正念来到中国的时间还不长，这个起源于东方文化的智慧，由西方人做了实验总结，就成了现在的正念，目前正在全世界推广。我国已经开始逐渐将精神心理治疗纳入医保，近期中央电视台也做了宣传推广。正念不是心理学，不是佛学，更不是玄学，而是一门科学。

觉察与观察

卡巴金博士总结关于正念的两个要素分别是对当下的觉察和一种不评判/开放/接纳的态度，而我所说的观察，其实就是指态度。不是指练习时对身体每个部位的留意与观察。

觉察是你知道或你意识到，观察是觉察到以后的态度。以最为典型的症状胸痛为例，当症状来临，经过长期练习，会有三个觉察，首先是对胸痛的觉察，其次是对胸痛想法的觉察，最后是对因胸痛想法而产生的情绪的觉察。忽然感到胸痛，想法可能是心血管堵塞了，可能要心肌梗死了，心脏出问题了；紧接着担心、恐惧、沮丧就来了。觉察到这些后，采取的态度非常关键，这就需要观察这些觉察到的东西。具体方法应该是，首先是面对，其次是允许，最后才是接纳。面对胸痛，面对胸痛的想法以及产生的情绪，应该允许这些自然发生的存在，不逃避，不排斥、不抗拒，全然地放开，观察它们。观察疼痛的轻重，部位的大小，时间的长短，观察想法的或有或无，或多或少，观察情绪来来去去的变化等。以一个旁观者的身份，观察这些由轻到重，从有到无，起起伏伏，直至回归平静。

这个过程就是观察。觉察是前奏，观察是觉察的后续态度。

能做到敢观察，能观察，会观察，不是一件容易的事，需要在实战中反复尝试。如果能做到了，也就真正消除了对症状的恐惧，也就真正做到了接纳。

无拣择觉察

大家对无拣择觉察练习的认识在两个方面一直有些模糊，一个是练习的目的，一个是练习的方法。

首先要弄清楚什么是无拣择觉察，无拣择觉察就是开放的觉察，是相对于对呼吸的觉察、身体的觉察、声音的觉察、想法念头的觉察、情绪的觉察这些专项练习而说的。我们需要以这些单项的觉察练习为基础，逐渐提高觉察的能力，后期才开始练习无拣择觉察，这是练习觉察力的最高阶段。

练习的目的就是提高觉察力。有了觉察，才能活在当下。无拣择觉察是觉察的综合能力的应用，最终是要用在实际生活中的，不单单是为了练习而练习。处在迷茫、烦躁、急迫、恐惧、痛苦中的我们，早已失去了对当下所有人、事、物的觉察，要么活在过去，要么活在未来，唯一缺乏的就是活在当下，把大部分精力都投注在过往或未来，苦思冥想，枉费心机，无谓地消耗。日常生活中，尤其是遇到有影响的事件时，我们会产生想法、念头、情绪,甚至躯体症状。这些人、事、物,不会在你事先准备好的前提下出现,也就是不会给你拣择的机会让你去觉察,更不会给你配上引导语让你觉察。如果我们通过长期脱离音频的练习,有了无拣择觉察的能力,对随时产生的想法、念头、情绪能觉察得到,就能清楚地知道哪些是我的想法与念头,让想法只是想法,念头只是念头,就减缓了对情绪的影响,就减少了对躯体的影响;当我们觉察能力足够,连情绪也能觉察得到,知道情绪只是情绪,不管好坏,都是情绪,它能来也能走,就像飘浮的云团一样,就阻止了想法与念头对躯体的影响;当对躯体的反应也能觉察,知道躯体的不适也是暂时的,是被情绪引发的,就阻止了进一步的胡思乱想、编故事。

  练习的方法,首先,应该是要有一个阶段的基础练习,先练习单项的觉察,呼吸、身体、声音、念头、想法、情绪。然后,在静坐练习中,逐渐脱离音频,以呼吸为背景,对这些感觉到的、听到的、想到的单项随意切换进行觉察,每项觉察的时间、顺序不固定,凭自己的感觉进行。逐渐熟练后,也可以在身体扫描时穿插进行,只要有觉察都可以。在无拣择觉察的练习过程中,如果没有想法、没有情绪,不必刻意去找想法、找情绪,自然回到呼吸上就可以了。最后,真正的练习是在实际生活中,特别是出现紧急事件、想法、念头、情绪、身体不适时,才是练习的好机会。此时既是练习又是实战。我们的觉察力就是在这些随时发生的大大小小的具体实践中而获得的。不管是好的还是不好的，都是这种态度，都是带着觉察。

在做无拣择觉察练习时，当觉察到想法与情绪时，有可能还做不到只是观察，容易被想法与情绪带跑，这时就需要转到呼吸上去，也就是暂停，如果暂停还不行，就用正念的态度回应，也就是与困难共处，仍然选择呼吸陪伴。觉察就是知道，没有下文了。真正生活中的无拣择觉察，应该是有想法有情绪时，便马上带着觉察，先观察它，当能够做到观察它时，想法与情绪就已经暂停了。如果还做不到观察，就用暂停或与困难共处。这个练习的目的主要还是应用，后期生活中的觉察都是无拣择觉察。这里就存在一个是练习无拣择觉察，还是在实际生活中用无拣择觉察的问题。

在深度的觉察中活在当下

你是否感觉到了，自己时时处处有一种迫不及待、一直想往前冲的感觉：静坐时想着什么时候结束；听别人讲话时急着去评判，去打断，去插话，语速还那么快；吃饭时急匆匆，这口还没咽下去又急忙塞进下一口，也没有细嚼。这些行为习惯，本质上就是没有活在当下，把整个身心都投注到了你所设想的那个未来，并且时时都这样，没有给当下留一点点空间。你总认为将来会很好，很舒服，很完美，自然而然就注定了当下是不够好的，就不断产生抱怨，自责，没有快乐，没有幸福感。这样周而复始地打击自己，否定自己，否定真实。你的生活必然是灰暗的，是不快乐的，永远在追赶快乐，但总是抓不到。打破这种恶性循环的途径，首先是要有一定的觉察，甚至是深度的觉察，只有觉察到了自己这些所谓的期盼，所谓的急急忙忙都是徒劳的，都是白白消耗能量的，你才能意识到，应该来点暂停，应该放缓节奏，先去观察一下，看到那个冲动，才是打破这个循环的开始。把那个"急"，看作是身心中的一根小刺，让它暴露，让它停在那里别动，进而把它剔除出去。这就是在练习活在当下的技能。只有我们真正活在当下了，才会有满足感、安全感、幸福感。这就需要我们在生活中，不断培养和练习这种深度的觉察，耐下心来，认真对待当下正在做的每一件小事，关注体验当下的一举一动，一言一行，好与不好的念头、想法、情绪。在每一次练习中，深度觉察呼吸、身体、念头、情绪的变化。久而久之，形成一种习惯，获得一种技能，所期盼的那个"好"才能不请自来。

非评判

胡君梅老师在《正念减压自学全书》（P40）有这样一段论述："非评判，不是不评判，而是很清楚地看到自己正在评判。如此一来，对于评判所引发的行为或想法，会多一份觉察，少一分惯性行为，多一分有觉察的回应。""如果对评判不觉察，将导致更多的评判。当去觉察评判时，我们会惊讶地发现自己怎么有这么多的评判，然后才可能稍微停下来，觉察呼吸。将思绪再带回当下，不让评判把思绪越带越远。"

"正念练习越久，评判会更快速与直接，这是一种身心清澈后的判断力。但是此时已经少了因评判所引发的情绪或想法，省去了东缠西绕的思索，看待问题或事情的穿透性和精准度自然会提高，但这样的精准度又不会造成过度压迫或咄咄逼人。这种清晰地观察评判，又不被评判操控的能力，在正念练习里就是非评判。"

举例： 看到超市里的橘子烂掉了（单纯的事实发现），这时候会有各种评判和想法产生。

（1）看来要检查一下，还有没有其他烂掉的橘子（从观

察的事实,得到的经验);

(2)烂掉的橘子为何还放在这里(偏负面想法与情绪渗入);

(3)这家超市品质不好(负面评价出现);

(4)以后不要过来了(负面评价引发的行动);

(5)应该拍下来发到网上(评价引发的行动)。

这些想法像骨牌似的一个接一个出现。

非评判的态度提醒我们:不要只根据惯性的好恶、过往的经验或者既有的知识来做判断,退后一步,看到当下所呈现的真实样貌和整体脉络。

在正念练习中,如何做到非评判?

正念练习中非评判的对象,是自己的情绪、想法和身体感受。比如,正念练习中感受到了焦虑、不安、烦躁的情绪,这个时候,非评判的态度是指,觉知到这些情绪就好,不用再去思考"这个情绪是好的还是不好的"或是"我有这样的情绪是差劲的"。意识到自己有情绪后,打个标签:这是情绪,然后本着"身心是一体的"这个原则,去寻找这个情绪在身体哪个部位比较明显。把注意力放到这个部位上,随着一呼一吸,注意这个部位的感觉有什么变化。你会发现随着呼吸，这个部位的感觉是流动的，起伏的。随着身体部位感觉的消退，情绪也随之消退。把注意力放到身体上，会让你避免陷入情绪之中，或是情绪引发的消极思考之中。

再比如，在正念练习中，思绪飘到了昨日发生的一件事上，这个时候，非评判的态度是指，留意到你的思绪飘到那里就好，不用再参与其中。留意到后，打个标签：这是念头。然后，同样，回归到身体感受上来。或是觉知呼吸最明显的部位，去感受呼吸带来的身体感受；或是回到指导语在那个当下所引导的身体部位上来。同样，把注意力放到身体上，会避免让你陷入一个又一个想法中来回打转。另外，如果你已经在评价或是判断了，觉知到了，就已经很棒了，给自己一份友善。

— 第四章 —

呵护身体和情绪

做自己身心的拓荒者

很多人因为各种不舒服接触到正念,学习了不少知识,懂得了不少道理,认知有了很大的改变,努力做了很多练习,有时信心满满,有时困惑迷茫,各种不舒服时有时无,时轻时重,有时感觉走出来了,有时感觉又被打回了原形。以上这些忐忑纠结都很正常,正常人都是这样,只是我们"怕"习惯了,敏感习惯了。要认识到每个人的一生都是这样,从出生那天开始,就已经走上了一条探索路,一条拓荒路。这是一次英雄的旅程。

生活无常,生命无常,人生哪有那么多的安全感?哪有那么多的保险柜?正念的态度就是生活的态度,正念就是让我们活在当下,一秒秒的时间、一件件的事情就是当下。至于下一秒会发生什么,是喜悦、是悲伤、是舒服、是痛苦,就让它自然呈现吧。生命中的每分每秒都是不一样的,太阳每天都不是昨天的那个太阳。正念练习每一次都有不同的感受,或舒服,或烦躁，或喜悦，或清醒，或昏沉，或有感觉，或没感觉，其实这也是生活的缩影。正念练习没有固定的标准，没有不变的模式，没有成功的练习，也没有失败的练习，不管有什么感受，都是自己的感受，不要模仿谁，也不要崇拜谁，自己的感受才是你最需要的感受，"信任自己"这个态度永远不能丢。在一次次的练习中，听懂身体的语言，目标不要太高，太高了达不到就会失去信心，也不要太低，太低了也得不到更深层次的改善。跑步是快是慢，时间是多是少，凭身体的感觉，尽可能地放松，别太消耗自己；伸展练习动作做到什么程度，都要遵从自己的身心感觉。身体扫描只管把身心交出来，接受一束温暖的光从脚到头照一遍，睡着了就享受睡着的舒服，烦躁了就体验烦躁的感觉，不要期待别的什么。

当你安稳静坐，感受的不仅仅是空气的进出、腹部的起伏，而是呼吸对你身心的作用。呼吸是能量转换的载体，吸气时把身体所需要的养分带入体内，滋养身体的每一个细胞，呼气时把体内的垃圾排出体外，扔掉的是委屈、怨恨、烦躁、不安。呼吸可以放松安抚僵硬的肌肉、紧绷的神经、扭曲的五脏六腑。只要有呼吸在，就有开发不尽的能源，呼吸是探寻身体奥妙的工具，也是痛苦无助时唯一能利用的抓手。

这些感受无法从别人那里得到，只能靠自己在不懈地练习中,在每一个生活事件中,在一次次所谓的症状反复中去体验、去探索。正念态度是前行的方向标,正念练习是到达目的地的快速列车,是真正成长的过程,也是康复的必经之路。

关于症状

焦虑引起的症状千奇百怪,只有你想不到的,没有它做不到的,在各个部位有各种表现,而且你越担心什么,越会出现什么症状。症状来了确实不舒服,还会伴随一种很无助的感觉,没有经历过的人无法体会个中滋味。此时一切说教、理论、所谓小技巧,都没有用了。症状何时能不再出现?何时能消除?一般人都会急于知道答案,非常正常。我想说的是,大家通过学习或看书,应该已经明白了是怎么回事,症状虽然千变万化,但本质都是一样的,就是个神经反应。这个神经反应我们没法控制,吃西药有可能缓解当前的痛苦,但还是反反复复,解决不了根本问题。天天盯着症状,就好像在自己身上安装了一个监控器,分分秒秒地高度戒备,全身紧张,如此一来便陷入了一个自己给自己设计好的迷宫,越想摆脱就越摆脱不出了,恶性循环,周而复始。什么都懂,就是做不到,问题出在哪里呢?真的一点办法也没有了吗? 其实你还是没真懂,为什么叫焦虑症而不是"焦虑病"。因为这些不舒服只是症状,不是病。只要你还是天天紧张、恐惧,你的神经总得不到放松,你的症状就不会消除。有些症状真的没有那么严重,是你在一次次地放大,不断加深对它们的恐惧。接下来就是问题的关键,怎么能做到不紧张、不恐惧?在明白道理的前提下,用你现在能做到的办法,首先使自己的身心稳定下来(当然不是一下子就能做到的)。你可以试探一下,在练习提高觉察力的同时,哪一项练习最能让你身心稳定,哪怕仅有一点点作用。一旦摸准了,就抓住它,反复练下去。突破口一定能找到,因为我就是这么过来的。天天盯着吃什么药最好,症状如何如何,都是在无谓地消耗你自己的能量,做些无用功。

症状的反反复复让人厌恶,想把它彻底消除,可能吗?答案是不可能。什么时候你不把症状当问题了,症状就真的不是问题了。症状的轻重与你把它当问题进行对抗和排斥的程度成正比,本来是一点小的不舒服,你却把它看成了不得的大毛病,于是症状就加重了,你就受不了了。但凡正常人,谁不是随时都有各种不舒服?若是每分每秒都是舒服的,那还是正常人吗?本来是正常的,是自己认为不正常了。关键是对待它的态度,你认为它重,它肯定会重,这就是认知不同导致的结果不同。整天觉得这儿不舒服那儿不舒服,都是自己不断强化后加给自己的,天天与一个自己想象出来的影子搏斗,何时能了? 你能赢吗? 本来就正常,你改变什么? 能改变的只有自己的认知。可是现在已经陷进这个泥潭了,怎么办呢? 那就要通过科学的正念练习,锻炼这种不把症状当问题的本领,日积月累,你的问题就真的不是问题了。

对躯体症状的两种认识偏差

对大部分伙伴来说,最大的痛苦莫过于反反复复、层出不穷、千奇百怪的躯体症状,焦虑的人对待这些躯体症状往往出现两个认识偏差,一个是疑病,另一个是都归罪于焦虑症。这两个偏差正好是相反的两个认识极端。

第一个偏差:疑病

疑病是焦虑症的一种表现,既是因,又是果,因为疑病更焦虑,因为焦虑更疑病。虽然有各种不舒服,并且都是在那种关键部位,但是检查了无数次,并没有实质性的问题,最多就是一些正常人都会有的常见小毛病,于是更加怀疑自己的身体出了大问题,继续去找权威医院、知名专家,结果还是没有问题,就更加困惑了,自己在给自己下结论,当起了自己的专家。

这确实是非常真实的感觉，比真有病还真实，因为自己在大脑中反复演练、反复下了无数次的结论，认知已经根深蒂固了，是自己把它刻在大脑记忆里边的，结果就真的出现了某些部位的病症。解决办法就是正念练习加正念认知改变。从觉察呼吸、觉察身体入手，逐步做到能够觉察想法，觉察情绪。觉察力有了，知道那是想法与念头，逐渐做到与想法念头拉开距离，不排斥已经有了的想法与念头，只是看见它们了，让它们也暂时存在一些时间。大脑中的记忆慢慢会淡化，直至消除，疑病问题就得到了根本解决。这些练习需要刻意进行，需要从简单到复杂，需要持之以恒，需要信心与耐心，更需要以无为的态度去练习、去行动，没有任何捷径可走。

第二个偏差：全部归罪于焦虑症

随着年龄的增加以及内在与外在的各种因素的影响，我们的身体每时每刻都在变化中，时好时不好，大大小小的不舒服也会随时到来，生老病死本来就是自然规律。有些不舒服本来就是应该发生、应该存在的，它们能来，也能走，这是正常人的思维，身体真的有病了，在允许的条件下就去积极检查治疗，相信现在的医疗条件能够解决大部分的疾病。有些常见的慢性疾病可能不是用药物能够治愈的，只能控制和延缓疾病的发展，即便如此也要面对现实,坦然接受。焦虑的人往往走一个极端,知道神经反应会带来各种不舒服,因此就把各种不舒服都归到焦虑症里去了,千方百计地按照对付焦虑症的方法对待各种不舒服,不舒服解决不了反而更增加了焦虑,就更不舒服了。身体的自然变化是正常的,一时半会儿的不舒服不一定是焦虑引起的,这里就不一一列举了,大家可以根据自身的经验反思一下。那我们需要做的是什么呢?是借助正念练习,去深度觉察自己的身心感受,在练习中逐步做到听懂身体的语言,能够觉察到哪些不舒服属于正常的身体反应,哪些不舒服是焦虑引起的神经反应,然后采取合理的应对方法把自己的身体调理好。需要西药辅助的就用西药,需要中医调理的就用中医,需要运动锻炼提高体质的就选择适合自己的有氧运动去持之以恒地锻炼。不要把所有的不舒服都归到焦虑症里去,方向偏了,得不到理想的结果反而会更加焦虑。

放下执念,与症状和解

很多人的症状反反复复,情绪起起落落,信心时有时无,练习了这么多,懂得了那么多道理,觉察力也提高了,反而更敏感了。付出了那么多,为什么痛苦还在?以上都是执念的问题。从来不会放下对好的抓取，对不好的排斥，虽然是人的本性，但也的确是需要彻底改善的。舒服不是抓取来的，不舒服不是被赶跑的，不高兴就别去想我要高兴，而是应该反着来，只有反着来，才能突破。抓取和排斥都是在制造新的压力。虽然完全做到很难，但是要试着慢慢去做，压力会越来越小。睡不着就别希望睡着，心慌就让它尽情心慌，紧张就让它使劲紧张，头晕就让它放肆头晕。不要把练习当作消除不舒服的工具，练习就是练习，无为地去练。每一个练习，每一个动作都不用力，连呼吸都不需要用力。在觉察的基础上，把不多的力气用在正念回应上，正念回应不是排斥，也不是躲避。不要与过去的自己比较，也不要与周围的人比较，必须亲自去体验、去感受，一点点地积累，用自己的方法去实现自己的目标。

另外，大家要处理好身体的保养与练习的关系，练习千万不要太用力，不要拘泥于形式，比如躺着做正念呼吸就是最好的练习。心态越放松越好，不要希望通过练习得到什么。练习就是对身体最好的保养，有时要有玩着练的心态。症状有些反复都很正常，神经修复需要时间，要有耐心。不要期望通过几个月的练习就能彻底解决问题。有时可以躺着把自己全部放空，把身体交给大自然，抱定什么都无所谓的心态。对症状的反复不要纠结，因为纠结也没有意义。带着症状去生活，只要有呼吸在，生命就在，就是当下，当下的自己就是最好的，多给自己积极的暗示。不要急着把时间填满，时间就是拿来浪费的，当下就是最好的享受，学着在各方面疼爱自己，只有自己才最了解自己需要什么。我们不是上帝，撑不起整个世界。

失眠

　　失眠很痛苦，但失眠就是一层窗户纸，什么时候你能自己把它捅破了，什么时候就不失眠了。失眠的原因有两个，一个是生理上的，一个是心理上的。发展到一定阶段，生理、心理就绞在一起了。生理原因主要是指身体某些部位不舒服，有疼、痒等症状，特别是肠胃方面的不舒服，可以有针对性地处理一下。余下的大多数原因是心理上的，由于各种外界压力或负面事件影响造成的神经兴奋，导致失眠，然后一次次对失眠本身加以排斥，不允许自己失眠，越想努力睡着就越睡不着了。痛苦不是失眠本身，而是对失眠的不接受，对失眠危害性的过度解读，过度担心。世界上本没有失眠，睡着与否本是自然发生的。不要去竭尽全力去找睡眠，而是要让睡眠主动来找你。对待失眠的态度应该是睡不着就算了。

正念让自己安睡

睡眠本是自然的，可由于种种原因，睡不着会把自己搞得痛不欲生。为什么会失眠？怎样才能减少失眠带来的痛苦？

失眠的原因有很多，小孩子为什么不会失眠？智力障碍者为什么不会失眠，答案很简单，就是他们的神经没有那么紧绷，他们的大脑没有天天在高速运转。失眠的本质还是焦虑，失眠是焦虑最普遍的一种表现形式。把自己搞失眠了，应该检视一下原因在何处：是不是喜欢什么都去翻来覆去地想，喜欢什么都弄明白为什么，喜欢追求百分之百，喜欢任何事都要按自己的喜好发展，喜欢把大小事情都设计得完美无缺？是不是希望自己的身体不出现任何毛病，希望工作一帆风顺没有烦恼，希望拥有无尽的财富，希望孩子能懂事听话出人头地，希望老人长命百岁，希望每天都能睡到自然醒？这就是人性的弱点，期望生活中只有好事是无可厚非的，但只要有一点点不如愿就开始纠结，就把自己搞得神经紧张，怎么会不失眠呢？我们是不是太执着了？太自以为是了？太聪明反被聪明误了？

失眠的时候，很难不去想如果睡不好，明天的状态肯定不好，会不舒服，会没有精神，会影响工作的效率；如果长期睡不好，就会去想失眠会影响身体形象，会影响身体健康，因此越要努力睡足 8 个小时。成年人因现实压力偶尔几次睡不着很正常，正是因为对睡不着的无限解读，又增加了新压力，而且这个压力比现实生活中的压力还大无数倍。失眠本来很正常，它本身不是问题，对失眠的焦虑、担心、恐惧才是问题。这就形成了一个无限循环，让人越陷越深。

知道了原因就能找到应对的方法，可以从以下几方面入手。

1. 从源头上解决。通过正念学习与练习，改变对人、事、物非黑即白、追求完美的认知。想一下九点连线的练习，觉察到每个人都会受到固有思维模式的局限，要逐渐扩大自己的视角，提升看问题的高度，不再自以为是，固执己见，允许所有的好与不好出现与存在，包容别人，也宽恕自己，高度有了，看问题才可能全面，才可能接近事情的真实样貌。认知提升是无尽头的，是一生的课题，想不到、做不到的事情会有很多。不给自己设限，也不给别人设限，允许自己做自己，也允许别人做别人，这样才能逐渐做到不那么执着，心逐渐柔了，气就慢慢顺了，身心不那么紧了，活得就不那么累了，睡眠就自己回来了。

2. 客观对待生命。把自己置身于大自然中，明白自己只是大自然中一个很小的生命个体，一粒尘埃，明白人生就是一个不断体验不完美的过程，生老病死是不可抗拒的自然规律，明白生命很宝贵，更应该珍惜每一分，每一秒，把有限的生命用在有意义的事情上，当下的事情就是最重要的事情，当下这个时刻就是生命的真实样子，过去的不会再来，还未发生的会按照应该有的样子自然发生，不再去无谓地耗费心神。我们不是上帝，左右不了自己的生命，更主宰不了整个世界。

3. 理性对待睡不着。当入睡困难的时候，当半夜早醒的时候，从开始的不允许，逐渐做到面对与允许，知道睡眠是自然的，是身体固有的功能，能睡着与想睡着不是一回事，因为当你努力想睡着的时候，便又一次启动了大脑神经，再一次激发了神经的活跃，这与能睡着是背道而驰的，对待睡不着的态度应该是"能睡就睡，睡不着就算了"。如果身体扫描有帮助就做身体扫描，如果没帮助甚至是相反的，越扫描越烦躁越清醒，就不要再企图利用身体扫描来助眠了，也不要分析为什么。此时可以试试观察呼吸，也可以起来正念行走，也可以看看书或听听没有刺激性的音乐。刻意地改变躺下后就刷手机、醒来就看时间的习惯。作息有规律，白天不睡或少睡，睡前不做剧烈运动，不参加容易兴奋的活动。有必要的话，也可以暂时借助一下助眠的药物，先借外力让自己稳定下来，再通过正念学习与练习慢慢调整，最后减掉药物。亲自试验一下，对你有影响的是睡眠不足还是对睡不着这一现象的焦虑？失眠了这么多年，也没有发生什么，说明这本来就不是什么大问题，最大的问题就是对睡不着的焦虑,然后是焦虑引起的更多的睡不着。

4. 足量的正念练习与运动。持久的正念练习及有氧运动是必须亲自去做的。实践证明,足量的正念练习与运动,能让人逐渐由原来的习惯用大脑去深思熟虑调整到用智慧的身体去感觉感知,也就是将行动模式转化为存在模式。通过足量的动静结合的练习,能逐渐让紊乱的神经安定下来,修复大脑的平衡能力和稳定能力,同时配合适合自己的有氧运动,让气血循环起来,身心放松下来,压力释放出来,就是从源头上解决了焦虑问题,也就解决了失眠的问题。

正念所解决的不仅仅是那点不舒服,那点失眠,随着正念练习的深入、正念态度的内化,正念能给到你的远比这些多得多,正念能改变你的生活方式,能改变你的生命轨迹,只有真正做到带着初心、好奇心、无为的态度进行足量练习的人才能够体会到其中的喜乐,才能体验到生命的真正意义。

了解情绪

情绪就是一团气,气是有能量的,好的情绪就有正能量,如常说的神清气爽、心平气和、气壮山河、一团和气、喜气洋洋、气宇轩昂等。负面情绪就是负能量,如怒气冲冲、垂头丧气、气急败坏、忍气吞声、心浮气躁、唉声叹气等。每个人都不可避免地会遇到不同的负面情绪，如何面对和处理负面情绪，是保证身心健康的关键。要注意两个方面：一个方面是当负面情绪产生时，需要用正念的方法应对，首先是能觉察到，不但知道它来，还能觉察到它的轻重，然后用妥善的方法应对，既不能逃避，也不能排斥，逃避与排斥就是堵住了负面情绪的出口。更不能放任，任其泛滥，那样既伤人又害己，会造成不良后果。应该在一个可控的范围内，带着觉察让负面情绪沿着一定的渠道，有序地流通。第二个方面是对已经长期积压在潜意识里的负面情绪垃圾要及时清理，垃圾多了就会腐烂，就会外溢，负面情绪直接生成负面能量，隐藏在身体的各个角落，首当其冲的是敏感的神经系统，尤其是自主神经，进而引发各种躯体症状。因此，解决各种神经症的关键就是处理负面情绪。学习与掌握处理负面情绪（创伤）非常重要。在正念学习与练习中，应当有所侧重。

应对负面情绪的态度

负面情绪来了不必自责，这是身不由己的，因为大脑不听你的，此时只要有一个信念，告诉自己大脑是大脑，大脑不是我，只是我的一个器官，它时不时地传递一些错误信息，我不能跟随它，也不能急着对抗它，只要看着它如何表演就行了。不要试图用自己的毅力与情感来对待当下的情绪变化。情绪来了后什么都不要做，不要妄下结论，对自己、对别人都是如此。它能来也能走，只要不跟随它，不烦它，不讨厌它，它会慢慢减少能量，直至远离而去。这需要一个过程，给它一个表演的空间，别控制它，别压抑它，也给自己留点空间。情绪给你造成的痛苦，只能靠自己一点点走出来，别人只能引导一下。相信自己每一天都在进步。每一次所谓的反复都是有价值的，看似被打回原形，实际是让你在风雨中成长。将来你会感谢自己的付出。只要是在正念的路上，你的成长就没有偏离方向，任何时候都要坚信这一点。信心与耐心时刻都不能丢。

反复的焦虑抑郁

焦虑抑郁最大的特点就是反复，因其都是由长期的压力或刺激造成的，长期的压力及外部刺激超出了神经的承受能力，就像是不断加热的高压锅，压力大了就需要通过泄压阀泄气来减少压力。反反复复的症状就是在一次次地泄压。症状到来是为了提醒你该停止制造新的压力了。

反复是很痛苦的。本来还在庆幸总算是逃出来了，可是事与愿违，痛苦又回来了，而且程度更甚，于是觉得原来的付出好像都白费了，此时的失望、怀疑、无助、沮丧简直无法用语言形容。你可以了解一下，哪一位走出来的伙伴不是这么过来的。你能做的，还是与原来一样，不管它来还是不来，不管它是轻还是重，只能顺其自然，为所当为，你把神经折磨了这么多年，想用几个月的时间就让它恢复如初是不可能的。但要相信前期所有的努力都不会白费，每反复一次，都是在康复的路上又前进了一步，无论有多痛苦，多沮丧，都没关系，记住没有反复就没有康复。

焦虑的本质

焦虑的本质是什么？是欲贪，是追求百分之百，是控制，是抓取，是不确定，是不允许，是盲动。

当我们静坐的时候，应该把整个身体安住在当下的这个空间，让心安放在自己的身体之内，随着一次次的全身心呼吸，觉察到整个过程中内在的细微变化，通过臀部、腿脚的感觉体验到活在当下的真实感。当我们躺下来进行身体扫描时，应该把整个身体全然地交给瑜伽垫，让整个身体安然地平放在那里，随着引导语进程,享受一束束温暖的光,照遍身体的每一个部位。当我们正念行走的时候,应该去感受一步步脚踩大地的踏实感,感受在整个身心巧妙的配合下完成抬脚、落脚的每一个动作。这些练习无一不是活在当下,不要想通过练习得到什么,抓取什么,只是安然地感受这种自然发生的状态。舒服了就享受那种舒服,不舒服了也体验那种不舒服。练习的过程也是生活的缩影,该有什么就允许有什么,不偏不倚地去观察它、体验它、享受它,不追求百分之百的好,不控制自己,也不控制别人,允许一切如其所是。通过一次次无为的练习,把无为的态度融入整个生命之中去。无为是心法,是态度,无为中的有为是做法,是行动。做到了无为,就做到了不焦虑。

"觉心正念"这个名字起得真有学问,让我们用心去"觉",而不是用脑去"虑"。让"觉"多一点,让"虑"少一点,困扰我们的焦虑也就渐渐远离了。

真正的康复

所谓康复,不是什么症状也没有了,天天都舒服了,每时每刻都心情愉悦了。只要是正常人,都有不舒服的时候,也有不快乐的时候。如果一点痛苦也没有了,每时每刻都乐呵呵的,那就不是正常人了。只要你还正常地生存在这个世界上,就会有苦有乐,一个问题解决了,另一个问题又会到来,身体今天这里有点不舒服,明天那里有点不舒服,这些都在正常范围内,关键是人们往往把本该正常的东西看作了不正常,把所有的不舒服、不高兴都归罪于焦虑抑郁,然后深陷胡思乱想之中,总感觉自己永远是痛苦的。经过一段时间的正念学习和练习后,可以让一颗焦躁的心逐渐平静下来,面对各种不确定、随机发生的大小事件,有了事先的觉察,能接纳各种好与不好,能自如地管理好情绪,并逐渐掌握应对各种不舒服、不高兴的方法,原来的那种痛苦自然会消失,症状也会减轻,能够进行正常的生活与工作,就算是康复了。

根据我的经验,要想康复,必须保证足量的练习时间,正念很简单,关键是持之以恒。不管你的症状是轻还是重,只要能保证练习的时间和有效的方法,一般6个月以上都能走出来。还未走出来之前,结合适合自己的有氧运动,每天的练习时间要不少于1小时。等症状情绪都稳定了,没有那么痛苦了,每天的练习时间最好也能保证不少于45分钟。为了省时间,可以把静态的练习融合在一起,总结一套适合自己的方法,不必完全按照学习过程进行。动态的练习可以与走路慢跑结合起来,把注意力放在脚下,养成一个习惯。

身体扫描可以在睡前或者醒来后练习,也不必单独找时间练习,身体扫描时睡着睡不着都不要在意。正念的九个态度要内化于心,融入生活,不是能背诵下来就可以了,应该是通过持久的练习,对每一个态度都有自己的体会,能自然而然地运用到生活中去。有些原话可以不记得,但应慢慢做到,正念的九个态度不只是态度,也是一种能力,能力是需要通过实践和练习来培养的,譬如接纳、非评判、放下、无为等都是一种能力。

— 第五章 —

疗愈你的痛苦与创伤

痛苦的源头

当我们痛苦的时候、症状反复的时候、睡不着的时候,都会想我什么时候能脱离痛苦,什么时候能让症状消失,什么时候能不失眠。这些都是你追求的、期待的。这些追求与期待天天在耗费着你有限的能量,而且是在无数次地循环。越追求、越期待就越痛苦,痛苦还会在你的思维里无限地放大,从未停止过无谓的消耗,这才是你走不出来的真正原因。追求与期待,这只是你的幻想,是你编织出来的美丽的梦,目前来说就是一个泡影。什么时候能停止这些无效的追求与期待,什么时候才能做到止损,才能不南辕北辙,才能调转车头,走向正循环。当你全身乏力、情绪低落、痛苦难耐的时候,最应该做的就是允许自己这个样子,老老实实地面对它、接受它,像真正的病人那样,保养自己的身体,呵护自己的身体,把有限的能量储存好,别再让它外泄与耗散。具体的做法是让大脑休息,让肢体动起来,让胡思乱想减少。

痛苦本是你的一部分

我们都在努力活着，品尝着生活的酸甜苦辣，这就是真正的人生。只要你的思维还正常，五感还没出问题，这些好好坏坏就这样来来去去，终生伴随。痛苦与快乐是一对孪生兄弟，对其的区分都是自以为是，竭尽全力追求一个，偏爱一个，另一个就会闹情绪，就会缠着你不放。有些痛苦是必须承受的，因为它们就是你生命的一部分，就像你的四肢五官一样，当你试图排斥、逃避、抗拒时，你就是在制造本不该属于你的多余的痛苦，是在把本来那点小的、善意的、来提示和帮助你的痛苦，无限扩大成了难以承受的大痛苦，这也是人性的弱点。

痛苦来自对痛苦的想法

想法就是态度，想法就是认知。当你心慌胸闷的时候，当你的血压血糖忽高忽低的时候，当你头晕耳鸣的时候，当你浑身无力腿软发飘的时候，当你记忆力下降头昏脑胀的时候，当你肠胃难受便秘腹泻的时候，当你翻来覆去彻夜难眠的时候，当你颈肩胀痛肌肉乱跳的时候，当你对正念、对生活失去信心的时候，你是不是会想：如果我没有这些该多好啊！因为你不想拥有这些,你认为这些不该发生在自己身上,所以当这些痛苦到来的时候,你那聪明的大脑就开始展开丰富的想象力:我会不会要死了?我会不会永远这样下去?这就是我们大脑的功能。你是否对这些想法有了一定的觉察?是否知道想法就是想法?当你还不具备一定的觉察能力的时候,你就会跟着大脑的节奏,翻来覆去地加工想象,就会很自然地躲避症状,排斥症状,结果越躲避越排斥症状就越严重,你的痛苦(情绪)也就随之无限扩大,这就是压力三角的规避反应。仔细想一想,这么长时间了,真正发生了什么吗?无非就是些不舒服、担心、无助、紧张、恐惧,这点东西与你的痛苦程度相配吗?

我们努力的方向应该是从想法(态度、认知)入手,允许那点痛苦按照它的本来样貌存在,痛就让它痛好了,不要试图消除它、改变它,老老实实地接受它,与它同在。这点痛是你身体的真实反应,是来提示你需要做出些调整的,是你自有的勤务兵,是你的好伙伴。不管是什么症状,失眠也好,焦虑也好,强迫也好,忧郁也好,性质都是一样的。可能你还不具备接纳的本领,这也是事实,也要老老实实地承认,但只要一直朝着这个方向前行,每一步就都是有意义的。面对不舒服,我们更应该好好地爱自己,不要逞强,承认自己的软弱,像一个真正的病人那样安排好自己的生活,安排好每一次的正念练习,不要整天躺在家里想这想那，行动起来，投入当下的生活中去，真正的良方就在具体的工作生活之中。

用觉察打破痛苦

长久的痛苦，就像是在漆黑的迷宫里不停地转圈，看不到光亮，找不到出口，这个死循环就是压力三角：痛苦（躯体症状）—情绪—想法（念头）。因为想法带来了情绪，情绪引来了躯体症状，因为躯体症状又开始了胡思乱想，又因为胡思乱想加深了痛苦。好一个完整的循环！在我们迷茫的时候，看不到亮光的时候，这种状态确实是难以改变的。这个死循环真的无法可解吗？真的没有缝隙可钻吗？当然不是。这个三角只要打破一个端点就不复存在了。突破的方法是什么？我的经验就是觉察力的培养与提高。前面说过，觉察就是知道，有了觉察，就知道我在想什么，我在干什么，我的躯体症状是怎么回事，我的情绪是怎么回事。想法来了，我知道这是我的想法，而想法就是想法，不是事实；情绪来了，我知道那是我的情绪，情绪能来也能走，情绪的好与坏，是因为我的评判而产生的，觉察到了，我就能与情绪拉开一点距离，就不会让情绪失控，思绪也不会乱飞；症状来了，不舒服来了，我知道那是症状，知道它是怎么来的，症状只是症状，不是病，就是一种状态，是来提示我需要做出些改变的，改变思维方式，改变对痛苦的认知。症状是我的好朋友，我一时无法接纳没关系，只是不躲避它，不排斥它。突破三角循环的一点就够了，一次不行就多次，总有突破的时候，这就是我们改变的方向。

觉察自哪里来？不是苦思冥想，而是系统的正念学习与练习。前面提到过，从练习觉察呼吸开始，觉察身体，觉察声音，觉察念头与想法，最后能做到觉察情绪，就这么简单，但是需要耐下心来，通过刚开始会让你感到枯燥无味的练习一步一步来实现。你想得到的东西都藏在不懈的练习中。相信自己，相信正念，相信你能通过耐心的练习打破这个循环。

识别痛苦的关注点

人生不如意十有八九，生活无常，生命无常。一个难题还没解决，另一个难题已经在等着你，总有解决不完的难题，层出不穷的压力。外部有惊涛骇浪在冲击，内在还有一个制造痛苦的小泉眼生生不息。这就是正常的人生，每个人都是这样。面对源源不断的现实压力，该如何去应对，如何使自己不苦大仇深，活得轻松、宁静、平安、喜乐，值得每一个人去探索。

首先是对压力的认知需要调整。同样是人生,为什么会有不同的感受?为什么有些人即使陷进去了也能很快爬出来?前面讲过,学习正念一段时间后,应该有一个清醒的认识,那就是不同人对待现实压力的态度是不同的,或者说对压力的关注点不同。谁都渴望生活在一个没有压力,平安舒适的环境里,谁也不愿意遭受压力导致的痛苦,然而,谁又能真正避开痛苦?痛苦全是负面的吗?温室的花草,没有经历风雨,如果把它放在外面一经暴晒可能就蔫了。人从小到大,衣来伸手,饭来张口,不经过摸爬滚打,走向社会后可能就是一个废物。河蚌之所以能生产珍珠,正是因为有那粒沙子的存在。困难与压力是我们每个人都必须面对的,同样,我们也必须让自己学会面对痛苦,感谢痛苦,享受痛苦。

其次是对压力的关注点需要调整。这是我们学习正念应该关注的核心。当压力过载了、扛不住了、焦虑了、抑郁了、不舒服了、失眠了,这就是身体的自然反应,就是提示你需要做出调整了。那么如何去调整?通过正念学习与练习,逐渐意识到:压力来了,之所以痛上加痛,是因为把关注点搞错了。如果把注意力全放在压力事件的故事情节上去,围绕着压力事件延伸情节会怎么样?会不断地编故事吓唬自己,为难自己,然后一直在故事里面转圈,身体一旦有点变化,就全身心地关注症状去了，其他什么也顾不得了，很痛苦。在正念练习中，当你试着对自己当下的想法和情绪变化多一些关照，多一些慈悲；当你看到自己那颗受苦的心，知道当下的自己是多么不容易，想给自己一些关怀和安慰，不想再跟着已发生的或未发生的痛苦跑，你的痛苦就停留在那里了，就不会再延伸了。

抛开压力事件本身去观察内在身心的细微变化，痛苦了就观察痛苦、体验痛苦，愉悦了就观察愉悦、体验愉悦，这才是当下需要做的。这是一种能力，不会轻而易举地获得，需要带着痛苦进行刻意练习，注意这里的"刻意"是没有用力的意思。

强迫的根源在哪里

焦虑久了常会伴有强迫。正常人都有焦虑，所以正常人也会有强迫，只是有的人不在意它，因此也就没有困扰。有些人因为焦虑，任何事情都敏感，都在意，都不允许，所以强迫就成了问题，并且越想摆脱就会越强迫，就像陷入了一个越挣扎越紧的"结"。强迫的表现是强迫行为，本质还是在于强迫思维。要想摆脱强迫，让这个越来越紧的"结"慢慢松动直至解开，那就要从根源上弄明白，其中最大的问题就是自责。焦虑久了，非黑即白、完美主义的思维方式已经形成，不管是对自己还是对外在，不允许有不好，凡事必须按照自己的想法来运行，必须做到百分之百，万无一失，完美无缺，否则就想不通，就不舒服。尤其是对自己的要求苛刻无比，特别在意别人的看法，不允许自己有一点点不好，做任何事情都不允许有一点点瑕疵，否则就会深深地自责，当发现自己反复地洗手、反复地关门、反复地关煤气、反复地检查行装、反复地清理房间，就会自责自己怎么又做了。反复地想去做，又反复地自责去做，就这样无休止地跟自己较劲。

有点强迫本来是很正常的，结果是自己把它弄复杂了。其实还是一个觉察力与专注力的问题。以反复关门为例，当产生再去关门的想法时，要觉察到这是个想法，然后意识到，有想法是大脑的正常功能，紧接着又有一个不能再去关门的想法出现，此时应该觉察到这也是一个想法，那么下一步是去关门呢还是不去关门呢？答案应该是去不去都可以，去就去了，没去就没去，不需要为去还是不去产生自责，问题就出在后面的自责上。真的去关门了，就认认真真地去关门，把注意力用在关门上，而不是用在对关门行动的自责上。允许有关门的行动，也允许有不去关门的选择。不管反复关门几次，关与不关都允许，都没有错，都不去自责。带着自责去做或带着自责不去做，都是不可取的极端。

通过正念的学习与练习，我们能不断提高觉察力与专注力，尤其是对想法的觉察。有想法很正常，想做或不想做都很正常，实际做了或没去做都是当下发生的，都很正常，用接纳和非评判的态度应对当下的想与没想、做与没做。允许有想法，也允许反复去做，通过一次次的允许和不自责，强迫这个"结"就能慢慢松动，因强迫产生的痛苦也就渐渐远离了。

关于创伤

创伤是指过去发生的留在意识或潜意识里的，对人造成负面影响的事件。这些记忆一直在脑海里存在，有的因为各种原因暂时未被注意，成为身体里的垃圾情绪，甚至是一颗小小的炸弹，不知何时何因就会突然冒出来对你产生影响。还有一种情况是某长期事件持续造成压力，每当触及就会有情绪或身体上的反应。总之，只要能给你带来情绪和身体的不良反应，都是创伤。对待创伤，要有一个正确的理解。首先，不能认为可以像外科大夫做手术一样，一下子就把创伤去掉。也不可能把所有创伤一下子全处理掉。当我们经过一段时间的学习与练习，对正念的态度有了较深层次的理解，对正念的几个基础练习做到熟练掌握后，可以把有记忆的创伤事件按照从小到大的顺序梳理一下，从小的开始，调出相应的记忆，试着慢慢靠近它，充分体验此时的情绪、躯体反应，让身心与之连接，用正念的态度观察它，应对它。如果它已经对你的情绪与躯体没有任何影响了，就不算是创伤了，可以跳过，如果你的反应非常强烈，就暂时放一下，等日后认知及安全感有所提升后再去处理它。处理创伤时可以利用附录中的"培养自愈力"的音频及方法，也可以选择其他的方法。需要提醒的是，有些大的创伤在自己还处理不了的情况下，先不要急着去处理，以免造成新的伤害。当然也可以寻求专业人士的帮助。至于那些没有明确关联记忆，深埋在潜意识里的创伤，可能会随着基础练习的深入、认知能力的提高而自然化解。一时找不到创伤就不要勉强，否则又会带来新的压力。

第六章

在练习中反思

别忘记初心

"初"就是首次、开始的意思,在正念练习或日常重复性的活动中,有意识地提醒自己,就像第一次接触,面对任何事物,不被以往的所谓经验、套路、标准所限制,也不被自己丰富的想象所影响,带着一颗好奇心,用探索的态度来面对每一次练习,每一个重复事项,其实就是活在当下,如其所是地面对当下的每一个细节,每一个动作。当下发生的就是最新的,不可替代的。就像赫拉克利特关于河水的说法,我们不能两次踏入同一条河流。我们所踏进的河水每一分每一秒都不是原来的那条河,我们经历的每一件事,做的每一次练习都是最新的,看似简单的重复,每次的感受也都是不同的,也是不可比较、不可替代的。

傻傻地练

对于傻傻地练,每个人的理解都不同,现在谈谈我在练习中的体会，就是不带任何期待，不带任何抓取。

开始时，西药、中药、心理医生、站桩、站军姿、运动，只要能想到的办法我都试过了，都是从满怀希望到不断失望。千奇百怪的症状依旧存在，难以忍受的身心痛苦时刻折磨着我，那种无奈、无力又无助的感觉难以名状，没有经历过的人很难想象得到。

我因为痛苦走进了正念，明白了正念的核心就是实践练习与态度，并且知道只有通过系统持久的练习，才能摆脱现在的痛苦。因此我开始了初始阶段的"傻傻地练"，非常努力、用心，从时间到内容上，一丝不苟。正念呼吸、应对思维情绪、应对躯体症状、与困难共处、无拣择觉察、慈心禅、慈心小孩、自我关怀、山的冥想、正念行走、身体扫描等，哪怕有一点点不对就会影响练习的效果，还时不时怀疑哪里练错了。在那个阶段，有些要领、姿势，特别是态度，可能是不正确的，身体还是紧绷的，内心还是有许多抓取的念头，只是非常努力、非常执着、过分用力了。效果当然是有的，能觉察到自己的进步，但这还不是真正意义上的"傻傻地练"，只不过这是必然经历的一个过程，无从选择。

经过那段时间，变化在练习中不知不觉地发生了。练习时发觉身体哪个部位紧绷知道放松了，念头、想法、情绪来了无论是在练习中还是生活中都能觉察并且会应对了；经常关注害怕的症状成了提醒我改变的朋友；能把所有坐着的练习融合在一起了，并且想练哪方面就练哪方面，有时练习就是一个简单的休息和放松，有时练习却是一次深度的觉察与滋养；有时间了，条件允许了就多练点，工作、生活忙了就少练点，有时走路、干家务、与人说话交流感觉都是在练习，其实就是觉察力提高了，内心的安全感、喜悦感、幸福感持续存在着。不管是静坐、正念行走，还是身体扫描，都应该按照自己的节奏练习。此时的练习，是主动的，是放松的，是充满力量的。这就是把正念融入生活，不带任何期待、不带任何抓取地"傻傻地练"。

有效的"四轮驱动"方案

长期的压力环境，造成了身体、肌肉、神经的紧绷，带来了千奇百怪的不舒服，如果不把这些负面情绪释放掉，症状也难以改变。

为了帮助大家少走弯路，尽快走出困境，张博士在长期教学实践中，总结提出了"四轮驱动"方案，学员可结合自己的情况用它来应对焦虑、忧郁或失眠。实践证明，这也是最直接有效的方法。正念练习、有氧运动、人际关系支持、必要的药物辅助，四个轮子因人而异配合使用，将有事半功倍的效果。

个人以为，除了药物辅助外，"四轮驱动"始终贯穿着一个压力释放的问题，这点供大家参考。

前面讲过，动态或静态的正念练习，重点都是练习觉察力、专注力，在练习时，让我们带着初心、好奇心，友善地与自己在一起。放松肌肉，放松大脑，放松神经，安抚疲惫的身体，这些都是在释放压力。正念呼吸，可以深深地吸气，缓缓地呼气，吸进的是新鲜的空气，呼出的是浊气、怨气、怒气；吸进的是能量，呼出的是忧伤、委屈、愤恨；每次自我关怀的慈心练习，都是在与内在的自己做情绪上的交流、碰撞。正念书写的过程，不管是愉悦的还是不愉悦的事件记录，也都是情绪梳理宣泄的过程。这些都是在逐渐打开泄压阀，让压力慢慢地释放。我们在正念练习中，需要把这些意识带入进来，伴随着每一个动作，每一个念头，每一次呼吸，让负面情绪逐渐流出体外。

有氧运动的目的不单是强身健体，更重要的是让我们带着正念，通过肢体的运动，让气血循环起来,让五脏六腑也动起来，随着空气的进出，汗液的流淌，让身体与自然完成能量交换，完成对垃圾情绪的清理，产生更多的多巴胺，释放压力，让身心感到愉悦轻松。有氧运动可以根据自己的年龄、喜好、身体状况选择，跑步、快走、游泳、登山、骑车、练瑜伽、跳健身操、练八段锦、打太极拳等都可以，在带着觉察运动的同时，也让负面情绪来一次彻底的释放。运动的幅度切忌超越自身的承受范围，避免耗费气力的剧烈运动。

在我们情绪低落、烦躁不安、恐惧担心的时候，希望有一个能够懂自己的人或团队在身边，给予关怀与支持，听自己倾诉，这就是人际关系支持。建议你选择与那些阳光、有正能量、尊敬或信任的人交流畅谈，勇敢地把压在心底的委屈、胆怯、担心、恐惧、愤怒用恰当的方式表达出来，该笑就大声笑，能哭就痛快哭，当然也可以只是平静地倾诉。切忌过分地抱怨与指责，只是表达内心的真实感受。远离负面情绪爆棚的人和事。进入特训营以后，患难与共的伙伴，和蔼可亲的老师，都是人际关系支持的重要组成部分。当暂时得不到家人或朋友的理解与支持时，也要带着正念的态度包容，允许别人不理解，避免造成新的压力。

另外，我们也可以通过自己喜欢的一些活动来释放压力，如唱歌、跳舞、吹拉弹奏、读书、写字、画画、做家务等。

必要的药物辅助也是"四轮驱动"之一。

正念态度的内化

康复的过程就是正念态度内化的过程，也就是认知改变的过程。通俗地说，就是你对症状、各种不舒服、各种情绪、对遇到的人和事的态度转变的过程。为什么症状反反复复，总是看不到尽头，总是一次次地被打回原形？前面提到，最根本的问题就是正念的态度还没有真正内化，认知还没有彻底改变。对各种不舒服的态度，有一个从逃避、排斥、抗拒到面对、允许、接纳的过程。当出现心慌胸闷、头晕耳鸣、呼吸困难、腿软无力、肌肉乱跳、失眠多梦、强迫思维、强迫动作等症状的时候，可以觉察一下你的恐惧、担心、烦乱程度有多大。请注意，只要这些想法与情绪还那么强烈，正念的态度就还没有内化，就是处在失念中，症状就还会随时来困扰你，就会一直反反复复。态度的内化与真正的康复关系如何？是先有内化还是先有康复？其实二者之间的关系就是先有蛋还是先有鸡的关系，是相辅相成、齐头并进的。我们说的身心交互作用就是这个道理。并不是说看了几本书、读了几首诗歌、听了几次课、做了几次练习就改变认知了，就态度内化了。改变认知，态度内化，需要不断地刻意练习与学习，是一个循序渐进的过程、一个水到渠成的过程、一个静待花开的过程。记住——长期的压力或来自某件事的刺激，已经让神经紧绷和扭曲了，这是客观存在的事实，要恢复它、调整它，只能通过刻意练习与学习，踏踏实实地付出时间和努力，不要企图通过一句话、一个观点、一篇文章、一个练习就能彻底改变,这不切实际。正念态度的内化与身心的彻底康复,没有任何捷径。要根据自己的实际情况,找到适合自己的节奏和方法,把张博士说的"四轮驱动"充分利用起来,不要与别人比较。八周课的内容设置是科学合理的,建议还没有找到门路的伙伴反复观看课程回放,把理论与练习的方法理解透彻,把所有的练习都变成自己的练习,带着初心,逐渐把练习变得轻松自在。练习的时间要尽可能地保证,用心体会每一次练习的各种感受,在练习中听懂身体的语言,好与不好的感觉都要去体验。

通过一个阶段的正念学习与练习,把初心、无为、放下、非评判都变成生活的态度,带着慷慨与感恩,面对当下的人和事,不仅能缓解过去的压力与症状,也能面对、允许、接纳新的压力与症状,这才是正念态度的真正内化,也就是彻底地康复。

让自己定下来

人人都喜欢那些充满哲理,富有智慧的文章和格言名句,因为它能让我们热血沸腾,斗志昂扬;让我们心明眼亮,豁然开朗;也会让我们泪流满面,踌躇满志,无所不能。可惜对于深陷焦虑忧郁的人来说,这种作用并不明显,最多也就是几分钟的热度，甚至还会出现误导，误导你继续追求一个泡影，继续活在想象中。正念的态度——初心、无为、放下、接纳、非评判，无一不是在提醒你活在当下，面对现实。正念的每一个练习都是在教你与真实的自己相处，老老实实地接纳自己的念头、情绪、症状。每一个练习的方向都是让你慢下来，静下来，柔下来，定下来。这些目标的实现，都是在一分一秒的亲身实践中积累而成，不能靠激情，也不能靠想象。伙伴们要想得到自己所需要的结果，就应该听从老师的引导，老老实实地完成每一个看似简单的练习，用身体的智慧来调整那过分活跃或沉寂的思维，来修复那已经紊乱的神经。实现这些，都需要时间、行动、信心与耐心，记住，只有让自己定下来才有新的可能。

走出练习的卡点

经过一段时间的学习与练习，问题解决了一部分，但感觉还是不理想，一有风吹草动就又被打回原形，问题出在哪里？答案就是对痛苦的容纳能力还没有培养起来，也就是容纳窗没有扩大。痛苦久了之后，早已习惯了敏感，看到一点乌云马上就想到疾风暴雨，有一点的不舒服就马上想到身体又要出大毛病了，焦虑症又复发了。

应对的方法首先还是提高觉察力,特别是对想法、念头的觉察。能随时觉察到哪些是自己的想法,知道想法不是事实,然后在练习与生活中刻意去扩大自己对痛苦的容纳窗,刻意练习与痛苦多相处一段时间的能力。静坐时腿疼、腿麻了,扫描时烦躁跑神了,运动时心慌胸闷了,都允许这些症状存在,与之共处,同时去观察它、体验它。刚开始可能很难,那就允许自己做不到,我们一次次练习的就是这种能力,哪怕一次做到一秒钟都是很大的进步。带着一颗忐忑恐惧的心,试着一点点去靠近这个纸老虎,让痛苦回到痛苦的本身,不放大,不分析,不再承受自己射向自己的第 N 支箭。人们常说"心小了事就大了,心大了事就小了",有点身体上的痛苦,正常人都会这样,痛与不痛,反复与否也就没有那么重要了,这就是真正的放下与接纳,也就是真正地走出来了。

练习中的走神很正常

常听学员说,在静态练习过程中觉察到走神很多,大脑中思绪万千,万马奔腾,要么计划事情,要么回忆过往,要么自己编故事,这样的练习是不是错了?是不是没有效果了?其实走神就是产生了思维、想法、念头,前面说过,这是大脑的正常功能，任何人都会这样。那我们练习的目的是什么呢？是不能走神吗？接触正念前，大脑多数处在自动导航模式，思维就像脱缰的野马，此时可能没有清晰地意识到走神。正念练习从觉察身体开始，逐渐能觉察想法和情绪，随着练习的深入，觉察力逐渐提高，对走神的感觉也越来越明显，觉察到走神，恰恰是觉察力练习的正常阶段。当觉察到走神了，首先明白走神是正常的，允许走神，可以利用正念呼吸，把注意力拉回到当下，千百次地走神，千百次地拉回，这就是正念练习的实际过程。当觉察到走神很严重，一时半会无法拉回也没关系，这个拉扯的过程，较劲的过程，也是在培养觉察能力。至于各种想法和念头，我们也可以练习以非评判的态度，或无为的态度来对待，想象自己是个门卫，看着大大小小的车辆、各色人等进进出出，只是看到，不阻止、不干涉。

觉察力练习是为了每时每刻都能清晰地知道当下的真实状态，在干什么、想什么，身体的真实感受是什么。前面说过，正念练习的大部分内容都是觉察力的练习，当然也会有专注力的练习，也就是人们想达到的不走神或少走神境界的练习。那么如何练习专注力？其实觉察力的练习恰恰也是专注力的练习，以觉察身体为例，当我们把注意力用在觉察身体某一部位的感觉上时，注意力就放在了身体上。吃葡萄干练习就是最典型的专注力练习,通过五感,把注意力用在对葡萄干的颜色、气味、味道、手感等性质的觉察,此时没有启动大脑为葡萄干编故事,这既是觉察力的练习,也是专注力的练习。也就是说,当我们一次只做一件事,时刻保持对当下所做之事的觉察,用心去做、去体验、去感受,这也是觉察力与专注力的练习的完美结合。

不走神或少走神这种能力需要我们用如上练习一步步去接近,这是方向,但不能是目标。在我们的练习和生活中,走神就走神吧,能知道走神就是正常的,欢迎走神。

暂停练习有时也需要暂停

前面提到,暂停练习是回到当下的练习。当不舒服来临时,这个练习能使我们利用呼吸回到当下,减少胡思乱想和编故事,间接减缓或阻止负面情绪及躯体症状的发展,尤其是对刚接触正念的学员来说,它确实是一个很有帮助的小练习。然而,这个练习只是一个拿来应急的小技巧,还不可能从根本上解决问题。当不舒服来临时,马上进行这个练习,即使不是排斥不舒服,也有逃避的嫌疑。随着课程的深入,当我们学过开放的觉察后,应逐渐试着去直面不舒服,以开放和包容的态度回应不舒服,带着担忧和不安，尝试着一次靠近它一点点，勇敢地把痛苦和恐惧暴露在光天化日之下，把痛苦交给痛苦本身，与痛苦面对面谈判，不逃避，不排斥，经过多次的较劲、拉扯，才会逐渐看清痛苦的真实面目，才能与痛苦和解，让它显现真实的面貌。只有敢与困难共处，才能扩大对痛苦的容纳窗，才是真正的接纳。这能从根本上解决问题，人也就不会再被轻而易举地打回原形了。

因此，大家千万不能总停留在只会应用暂停练习的初级阶段，一定要通过不懈的深入练习，做到开放的觉察，让正念这棵大树的根扎深扎牢，这才是我们的最终目的。

让自己在静坐中更舒适

前面讲过，正念练习中的静坐，是大多数人持久并深入的基础练习，随着练习时间的增长，许多人正念练习的效果会慢慢显现，有些创伤会慢慢化解，认知改变会在不知不觉中发生，不管是身体的还是内在的，所需要的东西会不请自来，这些都是在一次次练习中得到的，初心、放下、接纳、耐心、信任、非评判，这些原来用作指导的态度，会逐渐变成他们生活中的能力，这就是正念态度的内化。

但是也有些伙伴说，练习这么久了，也足量了，也努力了，但还没感觉到明显的进步。我的经验是，问题可能就出在对正念练习的理解不透彻，导致一些细节做得不到位或太用力，甚至偏离了方向。下面以静坐为例说一下我的体会与做法。

正念静坐练习的后期，都是无拣择觉察，脱离音频的静坐练习才是无拣择觉察，如果还脱离不了音频，即使你练习无拣择觉察，也不是真正的练习，因为，有引导语的觉察练习，还是有拣择的。无拣择觉察练习有一个从基础练习到实际应用的过程，有价值的还是应用，而不是基础练习。其次，不可试图通过静坐练习来得到什么，目的太明确，期待就浮出水面来了。当症状来了，情绪来了，马上通过静坐来解决或缓解，不是不可以，也有一定效果，但是，练习的真正获益就大打折扣了。在静坐练习中不需要找舒服的感觉、好的情绪、美丽的想法，更不需要找症状、不舒服。前面说过，正念练习主要练习的是觉察，觉察就是知道或感受到，有什么就去体验什么，不要去找任何东西，只是去感受或体验身体的、情绪的、想法的真实感受，好的和不好的都去体验。对不舒服的感受体验更有价值，不需要逃避和排斥。

静坐练习中最常遇到的问题就是思绪翩翩，想法千奇百怪，这很正常，允许它来，但是要知道，只要不是当下发生的，就是幻影，都没有实际意义，存在就存在吧，只有当下的呼吸才是最真实可靠的，做几次深呼吸，把注意力转移到呼吸上去，体验通过呼吸回到当下的安全感。

　　静坐的姿势和心态同样很重要，既不能僵硬地挺在那里，也不能瘫倒在那里，时间久了就做一点微调，每次调整也都是对身体的觉察过程，尽可能保持舒适、放松、安稳、警醒就可以了。

正念随笔

一次姗姗来迟的身体扫描

我接触正念两年半了,特训营结束后我重点练习的是静坐与正念行走,身体扫描也在练,不过每次都是把它当作放松、休息、助眠的手段。我习惯用张博士的30分钟的音频引导语,当累了需要休息的时候,尤其是身体不适、持续发烧的时候,身体扫描对我的帮助很大,但没有一次做得完整到位,要么很快睡着了,要么迷迷糊糊、断断续续。张博士的引导语说得很清楚,身体扫描不是用来放松和助眠的,我心里也明白,但还是用来放松助眠了,并且也得到了好处。我接纳了自己的这个状态。我也曾经想过,身体扫描不是用来放松助眠的,那它的意义何在?我并没有刻意去追求,去找感觉,而是继续傻傻地练,觉得也许某一天在练习中就能得到答案。

今天早晨醒来,一看时间还早,我习惯性地打开身体扫描的引导语,开始练习。一开始,有一种与以往不一样的感觉,头脑很清晰,身体也很放松,引导语虽然听了无数遍，但这次对引导语的理解也不一样，扫描到每一个部位，感觉都那么清晰，其间虽然也有无数次的走神，但总能清晰地知道走神到哪里去了，走多远了，然后利用呼吸温柔地将精神拉回到扫描的部位。扫描一个部位的同时，也能感觉到其他部位疼、痒、胀、麻，能做到身体局部与整体感觉同在。这是我第一次感觉意识与身体靠得那么近的同时又保持了一段距离。整个扫描的过程，走神与专注来回拉扯，却都是在一个自然的过程中完成的。我忽然意识到，这恰恰是注意力的练习，也是身心合一的练习。没有走神也就没有专注力，这就是矛盾的对立统一，没有不好哪来的好？没有不舒服哪来的舒服？

　　正念练习其实就是一次次对自己身心的探索，没有标准，也没有规律，不需要模仿谁，也不要迷信什么说法，就是自己的切身体验。练习越深入，越能够探索到真实的感受，好不好都无所谓，主要是能清晰地看到它，练习久了，原来的分别心就不那么强烈了，这种感觉很微妙。正念需要自己亲身体验，有些感受用语言表述出来就会走样，就像胡君梅老师说的："正念练习的目的，起初都是围绕着觉察力的提升，身体扫描的练习，与其他练习一样，其中的作用、目的与奥妙,需要练习才会有答案,答案不在外面,而在自己的练习里。除非亲身体验,否则再多的阐述意义都不大。持续练习后自己就会有答案了,随着练习的深化,答案也会不一样。"

请你同样为自己写下"正念随笔"吧!

写给自己的信

自我关怀每一天

亲爱的：

最近还好吗？好久好久没有联系你了，也不知你每天在忙些什么？身体还好吗？工作顺心吗？生活还如意吗？请接受我久违的问候。

很早以前听你说过，身体总有各种各样的不舒服，心情也时好时坏，我每天都在默默地关注着你，为你祈祷，希望你平安喜乐，健康幸福，远离伤害。还好，我看到了你的努力，看到了你坚持不懈的学习修炼，也看到了你的收获，多么不容易啊，你真伟大，我由衷地为你自豪！请放心，我会一如既往地陪伴着你，关爱着你，为你加油，为你祝福。在这里还是要唠叨你几句：累了就坐下来休息喝一杯我为你准备的热茶，吃一点我为你准备的你爱吃的小零食，哪里不舒服了，需要看医生了就去看，也可以来找我，做一下按摩。如果有些不高兴了，可以给我打个电话倾诉一下，我会默默聆听你所有的委屈，所有的不快乐。我还要对你说，我们都是正常人，正常人有的我们都有，包括舒服、快乐、幸福,也包括不舒服、沮丧、痛苦。不管你好还是不好,我都会与你同甘共苦。

作为最靠近你的朋友,我陪伴你了这么多年,完整地见识了你的成就与坎坷。41年的工作经历,在普普通通的岗位上,你付出了心血,在行业内,在单位里你都享有一定的声望,为社会做出了贡献,也得到了周围人的认可。听说你现在工作还是那么负责任,那么认真对待手头上的每一件事,所以我想劝你放缓一下脚步,毕竟年龄不饶人啊,工作上的事没有你参与别人也许会做得更好,新陈代谢是自然规律,往后你的主要精力应该用在照顾好自己这件事上。我会时刻提醒你,关心照顾好自己就是对社会、对家人最大的贡献。

陪你生活了这么多年,知道你有很良好的生活习惯,当然也有需要调整改进的地方。在照顾家人方面,你已经做得很好了,尽可能地承担了大部分家务,减轻了爱人的负担,无微不至地照顾了宝贝孙子的生活,不要再自责有哪里做得不好了,有些事情还需放手,让别人也参与进来,引导他们自己照顾好自己。有些事情干涉得太多了,就算是你的亲人也会不高兴的,毕竟每个人都有自己的生活空间。

最后再嘱咐你一句：今后不要再去别人那里寻求幸福和快乐，也不要到外面寻求安全感，我才是你背后最了解你真实感受的人，我才是最了解你痛苦和不幸的人，我才是你余生最需要的人，我会对你不离不弃，守护着你，呵护着你。

祝你平安，祝你宁静，祝你快乐，祝你幸福。

最贴近你的朋友　阿弥

请你同样为自己写一封信吧！

附录
生活中随时随地的正念小练习

将想法放在云端

想象一下：多云的天气里，在你喜欢的户外，选一个最近困扰自己的想法或感受。

请将你想表达的内容写在下方的云朵图中。随后到户外去，抬头看看天空，看着飘动的云，想象所有的文字随着云远去。

愿景板

你上一次完成某件艺术品或手工是什么时候？随着年岁的增加，我们的生活也变得越来越严肃，要承担的事也越来越多，从而忘记了生活的乐趣。做愿景板既有趣，又可以帮你关注自己的目标与愿望。

请在下面的"愿景板"中画出或写出你的目标和愿望。并仔细体会憧憬它们时的美好感受。

你的故事

将自己的人生故事写下来或进行编辑，也能让身心愉悦。每个人都有一个关于"我是谁"的故事，这个故事大体上与喜好、身份相关。它可能是一件事，也可能是一种情感，值得与他人分享。

花点时间思考并写下你的故事：你是谁？你与什么相关？你的故事是什么？

_____

_____

_____

_____

_____

_____

_____

_____

_____

享受大自然

万物相连。即使你不像某些人那样喜欢去户外徒步或频繁旅行,也同样可以发现大自然的美好。比如,你看过树在风中摇摆吗?看过小鸟喂食吗?看过松鼠找松子吗?这些时刻都会让我们慢下来,享受当下。

请本周到户外去,近距离地观察大自然,并如实地记录下你看到的一切。在记录的过程中,请留意头脑中冒出的各种想法,然后让它们离开。

正念嗅觉

研究表明,芳香植物萃取物可以提升幸福感,比如薰衣草可以安神、缓解焦虑与失眠。可以的话,请买支香薰蜡烛,把它点燃,专注地看着烛光,然后关注自己的嗅觉。

也可以到户外找一朵花或一株植物,闻闻它的香气。在闻香的过程中,请好好地坐着或躺着,也可以随意走一走。然后记录下这个过程。

当练习正念嗅觉时,请按如下步骤进行:

(1)找个舒服的姿势。

(2)保持安静。

(3)观察味道。

(4)描述你闻到的香气。

(5)就是"在那里"(当你在专注地闻这个香气时,可以做瑜伽、洗碗或进行其他的活动)。

_____

_____

_____

_____

正念音乐

请用手机、电脑或者其他你喜欢的方式来播放音乐,并让自己专注聆听。

最好选择那些没有歌词、让你产生愉悦感的纯音乐(当你不断去除对文字的执着,会有助于在正念练习中摆脱文字的束缚)。你可以在上下班路上或散步时听一听,只是纯粹地听这些声音,不受干扰,不分心。请记录下在这个过程中的感受。

开怀大笑

找一项可以逗你笑的活动,如看一看你最喜欢的喜剧电影片段、搞笑视频或笑话书等。让自己学会开怀大笑吧!欢笑将增强我们的免疫系统,笑得越多,我们的感觉就会越好。请记录一下:什么可以让你开怀大笑?

_____
_____
_____
_____
_____
_____
_____
_____
_____
_____
_____
_____

刻意微笑

刻意微笑虽然让人有些尴尬,但同时也会让我们意识到微笑是因为自己决定微笑,而不只是对外部环境的本能反应。当决定让自己刻意微笑时,你会享受到它的好处,如内在的平和、幸福感和快乐等。练习时,请将你的感受写下来。

快乐空间

凡事总有快乐的理由,就像每一朵乌云都镶有金边。现在,花几分钟时间,问问自己,最近一次感到快乐是什么时候?写下一件过去一个月内发生的快乐事件。然后,再写一件过去一年内发生的快乐事件。最后,写下你人生中最快乐的某个时刻。

_____

_____

_____

_____

_____

_____

_____

_____

_____

_____

记下评判

当评判出现时进行及时记录,会帮助我们更好地留意它们。记得越多,它们对我们的影响就会越少。请集中注意力,把你心里的评判记录下来。

_____
_____
_____
_____
_____
_____
_____
_____
_____
_____
_____
_____

全然接纳

在上下班路上遇到堵车时,我们无法改变堵车的事实,无论多愤怒地捶打方向盘,都无济于事,此时我们要学会全然地接纳。

请在下面画出你喜欢的事物,可以是一朵花、一栋房子、一辆车或一个简笔人物。意义不在画得有多好,而在画的过程。任你发挥,玩得开心!画完后请将你的想法写下来(包括你对自己画作的评判,或者对这个练习的想法等)。写完之后,再看一眼你的画,告诉自己,它无论怎样都应该被接纳。

_____
_____
_____
_____
_____
_____
_____
_____

置身事外

练习接纳的重点是为自己创造一个置身事外的空间。

想想某个负面事件,比如被领导批评或被好友误解。此时你想到了什么?请写下来。

_____
_____
_____
_____

将上面那段话再写一遍。

_____
_____
_____
_____

然后就只是坐着、看着,创造一个置身事外的空间。5分钟以后这些感受是否消失或减弱?在具有羞辱性、攻击性的场景下进行置身事外的练习,不仅有助于加强我们正念练习的力量感,也会让我们消除好胜心。

正念目标

思考一下,是什么让你选择了这本书?你希望自己能从中学到什么?此时此刻,对你而言,练习正念的主要目标和动力是什么?请在下方写下来。至少写1个,超过5个也无妨,数量不重要。

_____
_____
_____
_____
_____
_____
_____
_____
_____
_____

富有关怀

你会如何关怀他人？请将具体方式写下来。在对他人的关怀中看清自己的慈悲心。

爱与宽容

你经常表达爱与宽容的对象有哪些?写下你能想到的名字。

经常对你表达爱与宽容的人又有谁?写下你能想到的名字。

当练习爱与宽容时,你有何感受?当别人对你表达爱与宽容时,你又有何感受?二者之间有何区别?认真思考爱与宽容在你生活中扮演的角色,并记录下来。

_____
_____
_____
_____
_____
_____
_____
_____
_____
_____

疗愈卡片

分别给2个曾经带给你伤害的人写卡片。在卡片上，先写出他们对你造成伤害的事件，然后从正面的角度进行解答和表态，从而让自己得到疗愈。

举例如下：

××：

你好！

我关注并接纳你给我的痛苦。

你利用我来达到自己的目的，确实曾经伤害了我。但是现在我已经走出来了，所以今天我为你写一张卡片，分享给你一些疗愈以及安定情绪的能量。希望你的生活同样获得安宁。

_____
_____
_____
_____
_____
_____
_____

培养自愈力

事事都有希望。当我们出现负面情绪并练习放下这些情绪时，会发现我们可以通过所有的过往经历学习与成长，即使它们是困难和创伤。这就是自愈力。请反思并写下你所经历的困难和创伤，看看能从中学到什么。

事件：

_____

_____

_____

_____

从中学到的：

_____

_____

_____

_____

_____

经受风暴的考验

当情绪来临时,意味着我们要面临风暴的考验。情绪有时像疾风,有时像暴雨,但总会过去的。练习正念,让我们有机会看着这些情绪从眼前经过,并学会更好地掌控它们。

请在下面画一个风暴的图案。要有创意,最好涂上颜色。慢慢画,边画边思考:你在画它时,有何感受?

_____
_____
_____
_____
_____
_____
_____
_____
_____
_____
_____
_____

情绪电影

当你开始与自己及自己的情绪建立关系时,花点时间庆祝你所取得的成果。庆祝方式可以是看一部与情绪有关的电影,如《头脑特工队》,这部电影将人的各种基本情绪塑造成了角色,可以帮助你观察自己的情绪,就像练习正念一样。

除了这部电影以外,你也可以选择其他的电影,只要让你感受到正面情绪即可。请将你的感受写下来。

_____
_____
_____
_____
_____
_____
_____
_____
_____
_____

正念感恩

在你的生命中，有没有某个人对你有正面的影响？或对你的人生至关重要？正念感恩帮助我们学会从行为上进行表达，让我们关注生命中的正面时刻。

想想看，提到感恩，你想到什么？请写出最先想到的10个词。并列举2个对你有正面影响的人，写下一句感谢他们的话。

3件好事

我们常常将注意力放在负面的事情上,而忘记庆祝正面时刻。请写出最近发生的3件好事,可以是完成工作上的任务、与某个好友的关系更亲密等。让我们在好事中感受自己的力量。

_____
_____
_____
_____
_____
_____
_____
_____
_____
_____
_____
_____
_____

幸福蜜罐

定个时间,比如从下周开始到下个月,其间将所有感恩的时刻记录下来。每当出现一次感恩的时刻,就为自己准备一个小纸条,找个罐子或盒子放进去。每月打开罐子或盒子 1~2 次,看看纸条到底有多少。

感谢信

为自己写感谢信可以帮我们更好地释放负面情绪,提高大脑前额叶皮层的活跃度。请按下列要求,为自己写一封信。

(1)写自己是如何鼓励和支持自己的。
(2)无需关注格式或语法。
(3)具体描述一下你为自己做了什么。
(4)描述一下为自己做完这些事之后的情绪,甚至可以描述此刻写这封信时的情绪。

_____
_____
_____
_____
_____
_____
_____
_____
_____

赞美的力量

我们给出的赞美越多,拥有的快乐就越多。请写出5条对他人的赞美,如对某位同事的赞美:"昨天,当我说起对下周的客户拜访没有信心时,你的反馈让我很安心。感谢你的支持。"

断舍离

有证据表明，周围的环境与人的内在状态相对应，当我们将环境整理好，相当于整理了自己的内在想法和情绪。请写一写下面的内容，为自己的身心进行断舍离，使之拥有更多的时间和空间去做更愉悦的事。

必做清单：
_____
_____
_____
_____
_____

断舍离清单：
_____
_____
_____
_____
_____

为自己充电

让生活节奏慢下来,会使我们收获良多。请在下面列出你能想到的所有有助于自己放慢脚步的事,为自己充电。这份清单可以是综合性的,如每周的某一天在完成工作之后将手机关机,或安排一次短途旅行等。请相信:当你阅读这段话并填写清单时,正是在为自己充电。

好好休息

好好休息,是正念生活中的关键练习。想要应对快节奏的工作,安排好自己的休息是必要的。如果你在休息日还要收发邮件或回复领导的消息,哪怕仅有两次或仅花费一个小时来处理,这都不算真正的休息。请思考一下,自己在何时何地可以创造真正放松、自在的空间?写下它们。

_____

_____

_____

_____

_____

_____

_____

_____

_____

_____

规划未来

正念练习可以像呼吸一样,成为你生命的一部分。和其他好习惯一样,我们只有持续地练习正念,才能使之成为习惯。思考一下你今后会以怎样的频次进行正念练习?每周大概几次?每次大概多久?请写下来。

_____
_____
_____
_____
_____
_____
_____
_____
_____
_____
_____
_____

感动分享

在这个繁忙喧嚣的世界里，我曾是那个被焦虑无情缠绕的人。

我无法自控地恐惧未知的未来，怀疑自己是否得了什么不治之症。每一次呼吸都像是在与时间赛跑，每一次眨眼都伴随着不安的预感。直到我遇见"觉心正念"，生活开始有了转机……

在我的故事开始之前，我想先介绍一下自己。

我叫李华，一个40岁的北漂打工者，有一个爱我的妻子和一个可爱的女儿。我的生活平凡而稳定，直到那个不速之客——焦虑，悄悄地闯入了我的生活。

一切始于那个竞标项目。时间节点的巨大压力、领导的过高期望，像两座大山一样压在我的肩上。每天，我像是被巨轮推着前行，疲惫不堪，内心却像被狂风骤雨席卷过的荒原，一片荒芜。我开始失眠。夜深人静时，我的思绪像脱缰的野马，无法控制。闭上眼，是明天无尽的任务；睁开眼，是过往的遗憾与未来的迷茫。我渴望解脱，却仿佛被无形的锁链束缚，始终动弹不得。

妻子注意到了我的变化，她劝我去看医生。经过检查，医生告诉我，我的身体没有问题，可能是心理压力导致的焦虑。医生建议我尝试一些放松的方法，比如正念、冥想等。但我对此一无所知，不知道从何开始。

就在几乎要放弃的时候，我在网上无意间发现了"觉心正念"App。我被主页上的一句话深深吸引："正念帮你走出焦虑，提升安全感。"这不正是我所需要的吗？我抱着试一试的心态，报名参加了 App 上的"今日训练"项目。

项目的第一阶段是认知焦虑，树立信心。我了解到焦虑的根源，学习如何通过正念练习来缓解焦虑。我学会了观察自己的呼吸，学会了在紧张和恐惧中找到一丝平静。这让我仿佛看到一丝光明，照亮了我前行的路。

第二阶段是打破压力，化解症状。我学习正念静坐、正念八段锦等练习，学会了如何快速缓解躯体不适、情绪。我开始感受到活在当下的快乐，焦虑的阴影似乎在逐渐散去。

第三阶段是重建智慧的行为认知行为模式。我学会跳出惯性思维模式，摆脱精神内耗。我不再为过去的事情后悔，不再为未来的事情担忧，而是专注于现在，试着享受生活的每一个瞬间。

第四阶段是深化智慧的认知行为模式。我学会了识别灾难化想法，减少负面思维和冲动性行为。我告诉自己要用慈爱和接纳的心态，去面对生活中的挑战。

然而，我的疗愈之路并非一帆风顺。

在项目进行到一半的时候，我的父亲突然病倒，家里的重担瞬间全部落在我的肩上。我感到前所未有的压力和焦虑，甚至有一度想要放弃项目。但是，张博士那温和而坚定的话语始终在我的耳边回响："我知道，当下的你很煎熬很辛苦，别担心，都可以走出来！"我告诉自己，我不能放弃，要坚持走下去。

我将在项目中学到的正念练习，应用到照顾父亲的过程中。每当感到焦虑和无奈时，我会停下来深呼吸，观察自己的呼吸，感受当下。就这样，我逐渐学会了在压力中找到平静，在疲惫中找到力量。

正念的力量虽然无形，却的确很强大。经过几个月的努力，父亲的病情有了好转，我也逐渐走出焦虑的阴影。妻子和女儿都为我感到高兴。由于目睹了我的改变，这让她们日渐心安。

我的故事没有惊天动地的情节，也没有华丽的辞藻，只是生命中一段真实的经历。作为一个普通人，我在正念的帮助下走出焦虑的困境，这让我心怀感恩。

真心希望我的故事能够激励更多的人，让他们同样了解和尝试正念，找到属于自己的疗愈之路。因为在这个世界上，每个人都拥有让内心更加踏实、安宁和睡个好觉的权利。